航天科工出版基金资助出版

武器装备安全性保证

王　冬　主编

中国宇航出版社
·北　京·

图书在版编目（CIP）数据

武器装备安全性保证 / 王冬主编．--北京:中国宇航出版社，2016.7

ISBN 978-7-5159-1145-8

Ⅰ.①武…　Ⅱ.①王…　Ⅲ.①武器装备—系统安全性　Ⅳ.①E92

中国版本图书馆 CIP 数据核字（2016）第 156640 号

责任编辑　赵宏颖　　　封面设计　宇星文化

出版 发行	中国宇航出版社		
社址	北京市阜成路 8 号 (010)60286808	邮编	100830 (010)68768548
网址	www.caphbook.com		
经销	新华书店		
发行部	(010)60286888 (010)60286887		(010)68371900 (010)60286804(传真)
零售店	读者服务部 (010)68371105		
承印	北京画中画印刷有限公司		
版次	2016 年 7 月第 1 版		2016 年 7 月第 1 次印刷
规格	880×1230	开本	1/32
印张	9.625	字数	260 千字
书号	ISBN 978-7-5159-1145-8		
定价	128.00 元		

本书如有印装质量问题，可与发行部联系调换

《武器装备安全性保证》
编委会名单

序　一

安全性是武器装备重要的通用质量特性。GJB 900A—2012《装备安全性工作通用要求》相对于GJB 900而言，增加了“安全性及其工作项目要求的确定”“装备的使用安全”的工作项目系列，更加体现了装备全寿命周期安全性保证的系统工程思想，它作为指导装备安全性工作的顶层标准，对提高装备的安全性水平具有重要的意义。

GJB900A提出了武器装备寿命周期各阶段安全性保证的工作项目，但对于武器装备研制部门，在型号研制过程中还需要结合产品特点对GJB900A的工作项目进行剪裁、细化和分解，以将顶层要求落实到研制过程中，同时应用安全性设计、分析、试验与评价方法，赋予武器装备安全性。

《武器装备安全性保证》一书以防空导弹武器系统为背景，按照GJB 900A的基本框架，从管理和技术两方面入手，系统地总结了数十个防空导弹武器型号安全性管理、设计与分析、验证与评价等成熟经验，全面论述了武器装备安全性保证的工作项目及具体实施方法，并给出工程示例，具有广泛的工程应用价值。

此书的出版，有助于从事型号研制的管理与设计的工作人员以及相关研究与教学人员，树立现代型号安全性保证理念，掌握实用的安全性保证工作要点，提高各项安全性工作的针对性和有效性。为此作序，向广大读者推荐此书。

中国科学院院士　陈定昌

2015年12月

序　二

20 世纪 80 年代，我国防空导弹武器装备的研制以仿制为主，从当时的型号着重开展以可靠性为代表的质量特性设计，到自主研制新一代防空导弹武器系统开始就编制可靠性、维修性、保障性、测试性、安全性、环境适应性（以下简称“六性”）等一系列保证通用大纲，我国武器装备通用质量特性设计走过了跨越式发展道路。

安全性作为最重要的通用质量特性之一，是装备性能和功能得以发挥的根本前提。就武器装备而言，安全性是“产品具有的不导致人员伤亡、装备损坏、财产损失或不危及人员健康和环境的能力”。一个优良的防空导弹武器系统，不仅需要具备完成规定任务的能力，更需要具备导弹在发射及勤务处理时车辆、人员及设备安全性的能力。

国内外军工行业历来高度重视产品安全性。然而，工程上对在研制过程中如何赋予产品安全性的认识是逐渐丰富和完善起来的。在 80 年代型号研制过程中，只是将安全性设计纳入可靠性设计的一部分加以要求。随着高新技术密集型号的自主研制，对安全性提出了新的更高、更全面的要求，推动安全性在理论研究和工程实践方面朝着系统化、理论化、规范化的方向发展，最终形成了一门独立的专业。

从系统工程的角度来看，只有未雨绸缪，在设计之初明确安全性保证这一纲领性要求并贯穿于全寿命周期，才能更好地在研制阶段消除产品的安全隐患，杜绝事故发生的可能性，保证装备的使用安全。本书就是以防空导弹武器系统的安全性保证为背景，详尽阐述了一套完整系统的工程管理和技术要求。

难能可贵的是，本书的概述中在论述了安全性与其他通用质量特性相互关系的基础上，首次提出了“六性”关系图，有助于读者全面、系统地了解和掌握型号通用质量特性保证工作的全貌。同时，作者注重理论联系实际，在介绍设计与分析等工作项目时辅以具体实用的工程案例，对复杂产品安全性设计工作起到了系统理论支撑、技术方法指导和工程实践参考的作用。真诚希望该书能够获得广大读者，特别是航天工作者的喜爱，并能从中有所收获。

2016 年 3 月

前　言

安全性是武器装备重要的通用质量特性之一。即使武器装备整体性能指标先进，但在使用、测试、维护和维修过程中如果面临发生事故、人员伤亡和设备损毁的可能，战备完好性和任务持续性将很难发挥。可见，安全性是保证武器装备战备完好性和任务持续性的重要前提，从而确保作战效能。

随着武器装备技术水平的发展，广泛采用新技术、新材料、新工艺的型号，其安全性设计需要更加规范、深入地开展。为了满足这一需求，本书以防空导弹武器系统为背景，认真总结了型号研制经验，结合国内外武器装备安全性专业的技术成果，以及长期以来作者承担安全性保证培训课程所积累的相关论著与讲课教材，整编成此书。

本书从武器系统总体的角度阐述了安全性保证的工程技术，结合防空导弹武器系统的研制过程，对安全性顶层标准GJB900A—2012《装备安全性工作通用要求》进行了细致的解读，全方位地论述了型号各阶段开展安全性设计、分析、验证、评价与管理工作的具体实施要求及方法。

本书共分8章。第1章，介绍了安全性的重要性和发展历程，明确了安全性的相关术语及其定义，并阐述了安全性与其他通用质量特性的联系；第2章，对型号安全性保证的目标、基本过程、工作原则、工作要点等进行了介绍；第3章，介绍了安全性要求及其确定原则，在提出安全性工作项目表的基础上给出了剪裁及实施要求；第4章，介绍了安全性管理工作项目及实施要求；第5章，从分析目的、分析内容、输入信息、分析方法及输出结果等方面，对

GJB 900A 规定的安全性分析工作项目进行了详细阐述，并介绍了工程上常用的危险源辨识方法；第 6 章，以消除危险和降低风险为目的，介绍了安全性设计通用方法、型号安全性设计要求及通用安全性设计要求；第 7 章，介绍了开展安全性验证与评价的实施要点；第 8 章，针对武器装备中的软件安全性工作，介绍了相关的工作项目、实施要求及技术方法。

本书主要面向从事型号研制的工程技术人员及管理人员，内容紧密结合防空导弹武器系统型号研制特点，强调工程实用性，对于型号安全性保证的规范实施和系统开展具有极大的促进作用；此外，本书也可以作为型号订货方行使产品安全性监管职能与高等院校安全性工程教学的参考书。

中国科学院陈定昌院士和中国航天科工资深专家朱美娴研究员在百忙之中抽出宝贵时间为本书作序，朱美娴研究员在本书的编写过程中还给予了热情指导与帮助，在此致以诚挚的谢意。航天二院二部陶小创、姜昱光等同志参与了本书的校对工作，谨在此一并表示衷心感谢。感谢航天科工出版基金和航天科工集团二院二部资助本书出版，感谢本书的责任编辑在出版过程中付出的辛勤劳动。

由于本书编写时间紧，加之作者经验和知识有限，难免有疏漏之处，敬请读者批评指正。

作者

2016 年 4 月

目 录

第1章 概 述

1.1 引言

1.1.1 安全性的重要性

科学技术的发展，不仅提高了军事装备的功能和性能，也使装备本身复杂化。而武器装备复杂程度的增加、使用要求的提高、作战威力的增强，往往导致事故发生的可能性随之增大。对于防空导弹武器系统而言，装备的复杂性和任务的特殊要求，决定了其危险源存在于多个方面，有战斗部、弹射装置等火工类安全隐患，也有转塔运转、天线转动、伺服结构、起竖装置、导弹装填等机械类安全隐患，还有导弹误发射、导弹误点火等。

20世纪50年代以来，武器装备的安全隐患频繁造成灾难性事故。对众多重大事故的调查研究表明，在研制过程中如果忽视了安全性工作的系统性开展，将会导致武器装备存在先天的安全性隐患。因此，装备研制时，必须全面、系统地开展安全性分析、设计和试验评价等相关工作，消除装备中的安全隐患或将其风险降低至可接受水平，从而赋予武器装备的安全性。

1.1.2 国内外安全性的发展

1958年美国防空导弹的爆炸事故，首先引起了陆军部的重视。1960年7月，美国陆军部在红石（Redstone）兵工厂建立了第一个系统安全性工程组织。经研究决定，美军把与使用相一致的安全性要求纳入装备设计的规范中，以保证装备的安全性。

1957 年，苏联发射了第一颗人造地球卫星，美国急于占领空间技术优势，匆忙地发展导弹武器。20 世纪 50 年代末期到 60 年代前半期，为了缩短研制周期，在发展井下弹道导弹发射系统时，采取了构思、设计、制造与使用齐头并进的方针。但在当时，安全性问题仅仅依靠各专业技术人员单独研究，而忽视了发射系统接口的安全问题，在最初运行试验的一年半时间内，导弹地下贮存库房和发射阵地连续发生了四次重大事故，每次损失都达到了数百万美元，并因而推迟试验计划。事故调查结果表明，主要原因在于装备的安全性存在重大问题，从而不得不将装备报废而重新研制。

因此，美空军于 1962 年 4 月发布了以系统工程的方法研究导弹安全性的文件，即《空军弹道导弹系统安全性工程》(BJD 第 62－41 号文件)。这个文件成为研制民兵导弹最早实现系统安全性的依据。同年 9 月，美空军又将系统安全性作为独立工程项目，颁布了《武器系统安全性标准 WS133B》，为发展多弹头火箭的成功创造了条件。1963 年 9 月，美空军制定了《系统和有关分系统以及设备的安全工程一般要求》作为系统和设备的设计指导。1966 年 6 月，美国国防部对空军的标准作了修订，颁布了 MIL－STD－882，在这项标准中首先建立了较完整的系统安全性的概念，以及安全性分析、设计和评价等基本原则。1977 年、1984 年和 1987 年，美国国防部对 MIL－STD－882 作了三次修订，系统安全性工作的要求在装备全寿命周期内得到了明确而全面的规定，并增加了软件安全性要求，这是当前不少国家引用的比较成熟的系统安全性标准。

除了颁布军用标准外，20 世纪 70 年代后期美国国防部颁发和修订了一系列指令和指示（如 DODD5000.1、DODD5000.2、DODD5000.36、DODD1000.3 等），对武器系统采办中的系统安全性工作都提出了高层次的规定：将系统安全性列入与装备作战效能同等重要目标的作战适应性内容之一，并从训练、经费与保障等方面给予支持。1991 年 2 月重新发布的 DODD5000.2 要求系统安全性工程要和其他工程专业（如可靠性、维修性、测试性、环境适应性、保障性）互相协调；建立“高”和“严重”风险准则，并对高风险的管理和决策制定专门文件，明确高风险批准权限等。指令中还规定了一系列管理要求。这些指令和指示从行政法规上为有效地开展系统安全性工作打下了良好的基础。

到了2000年，美国国防部颁布了修订后的安全性标准MIL-STD-882D“Standard Practice for System Safety”，由于受当时美军防务采办改革的影响，对标准作了重大修改。根据该标准，军方只基于风险评价对武器装备的安全性水平进行评价和验证，对装备研制和使用过程的安全性设计与分析工作项目不再具体要求。标准对风险的定义作了修改，强调风险是针对事故的，并规定了风险评价的通用要求和详细要求。2005年，美军再次对此标准进行修订，制定了MIL-STD-882E（草案）。在该草案中，已经删除的工作项目要求以附件的形式再次出现在标准中。由于882E标准一直没有正式颁布，作为该标准主要制定机构的美国信息技术协会（Information Technology Association of America，ITAA）于2008年颁布了以该草案为基础的协会标准GEIA-STD-0010“Standard Best Practices for System Safety Program Development and Execution”，重申了应对产品安全性的研制过程进行控制。

1979年，我国民用领域引进安全性评价技术。1986年，机械工业部起草了《机械工厂安全性评价标准》，并于1987年10月正式颁发执行。1989年8月，结合电子工业情况，又颁发了《电子工厂安全性评价补充标准》。国家计委委托机电部起草《危险程度分级国家标准》，全国各产业部门如石油、化工、冶金、煤炭、林业、轻工、医药等部门的机械工厂也在应用机电部制定的标准开展工作，并参照这个标准制定本行业的评价标准。

我国武器装备的安全性工作同样是在借鉴国外先进经验的基础上开展的。自20世纪90年代起，在引进、消化、应用和总结美军标的基础上，国内相继发布了顶层标准GJB 900A-2012《装备安全性工作通用要求》（替换GJB 900-90《系统安全性通用大纲》）和

GJB/E 99－97《系统安全工程手册》)。

GJB 900A 作为安全性顶层标准，制定了装备安全性研制的一般要求和工作项目，提出了军用装备寿命周期各阶段系统安全“做什么”，是覆盖面很广、原则上适用于所有武器装备安全性研制的顶层标准。

面对军方在研制总要求中规定的各项安全性要求，工业部门也陆续在武器装备的方案阶段，依据安全性顶层标准，结合产品的实际情况而制定型号安全性工作计划，作为指导系统和各分系统开展安全性工作的纲领性文件，从而以此为依据组织、协调、实施和管理武器装备的安全性工作。

1.1.3 软件安全性的发展

随着计算机系统，特别是嵌入式计算机系统越来越多地应用于现代装备中，软件安全性问题已经成为信息化装备研制的突出问题。以美国第四代飞机 F/A22 为例，2003 年的飞行试验显示，大部分技术难关已经攻克，最后的遗留问题就是软件的不稳定性；第四代飞机 F－35 的两个关键问题被确认为软件问题；A400M 在首飞中，TP400 发动机因控制软件错误，导致四台发动机中的一台发动机停止工作，潜在影响飞行安全。由此可以看出，为了保证现代装备安全、可靠地完成任务，必须全面开展软件安全性工作，否则将严重制约现代装备的研制，影响交付后使用阶段的安全性。

国外十分重视软件安全性及其管理工作，已形成一系列较成熟的标准、指南及手册。如全球最大的专业学术组织——电气和电子工程师协会（IEEE）制定的 IEEE 1633－2008《软件可靠性最佳实践》，国际汽车工程师学会 SAE JA1002－2012《软件可靠性程序标准》，美军标 MIL－STD－882E－2005《系统安全性大纲》，美国国家航空航天局 NASA－STD－8719 13B《软件安全性指南》，英国国防部的 Def Stan 00 56《防御系统安全性管理要求》，这些标准可以指导装备软件研制中的安全性及管理工作，为提高软件质量及安全性发挥了重要作用。

不同标准中软件安全性工作思路各有侧重。RTCA DO-178B在强调开展软件安全性分析的前提下，注重在软件工程过程中的验证策略及过程管理；美国联合军种软件系统安全性委员会（JSSSC）的《软件系统安全性手册》是以危险的识别、消除、控制为核心开展软件安全性工作；澳大利亚国防部标准DEF（AUST）5679则比较注重计划的制定以及证据的收集，而NASA-GB-8719.13及其指南则以软件开发过程为主线，更全面地从安全性分析、设计、验证及过程和管理等方面对软件安全性工作进行规范。

我国软件安全性的研究和应用起步较晚，但随着工程需要，我国的软件安全性研究也逐步开展起来。已制定的相关标准有GJB/Z102A-2012《军用软件安全性设计指南》（替换GJB/Z102-97《软件可靠性和安全性设计准则》）和GJB 142-2004《军用软件安全性分析指南》，以及一些相关的行业标准。

与此相适应，各类安全性标准中都增加了软件安全性工作项目，要求在装备研制过程中针对软件系统开展安全性分析、评价和验证工作。例如，在美国信息技术协会最新的安全性标准中，将软件安全性工作分为危险分析和软件集成两个过程，强调从系统整体层面来研究软件故障、危险和事故的影响；要求在软件设计、开发和测试过程中并行开展危险分析，并制定和检验是否达到规定要求。

目前，软件安全性已经成为安全性工程的一个重要组成部分。提高软件安全性水平对于提高我国装备的总体安全性水平具有重要作用，因此，软件安全性分析评价技术和复杂系统多因素安全性综合设计分析与评价技术、装备体系安全性等已经成为研究与应用的热点。

1.2 术语和定义

1.2.1 安全性

GJB 900A-2012《装备安全性工作通用要求》将安全性定义为

“产品具有的不导致人员伤亡、装备损坏、财产损失或不危及人员健康和环境的能力”。

安全性是一门与事故作斗争的专业，它所关注的是产品不发生意外事故，而不关注产品功能是否完成；考虑所有可能威胁安全的危险源和各种激发因素。

要保证产品的安全性，最根本的问题是消除或控制潜在危险源，如图 1-1 所示。

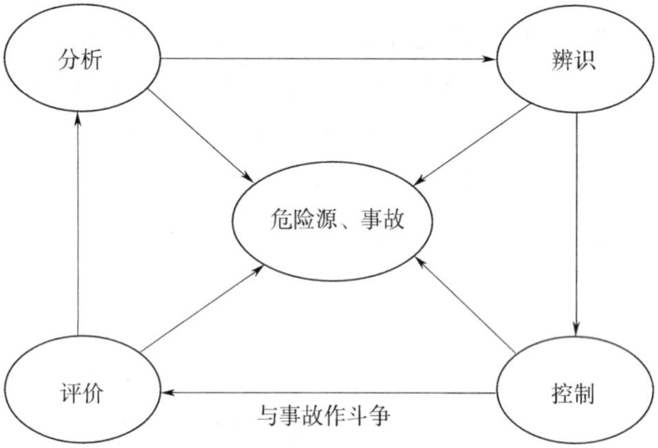

图 1-1　安全性的核心

1.2.2　安全性保证

由于武器系统技术含量高，研制周期长，涉及专业多，对未知的安全隐患进行全方位、全程化的安全管理涉及到方方面面。传统的预防事故发生的做法是，从事故发生后吸取经验教训进行预防开始，即“查找事故原因——采取措施——防止事故重复发生”。这种传统的做法虽然在防止事故中起到了重大作用，但是总跟在事故后面跑，主要依靠的还是经验教训，很难做到防患于未然、真正在研制阶段解决型号的安全性问题。

随着系统工程方法的发展与应用，为了能够有效保证武器系统使用阶段安全运行，早在型号研制早期，开始通过实施安全性设计与管理工作，对型号的规划、研究、设计、制造、试验和使用等各个阶段的危险源进行有效的设计管控。通过型号安全性保证这样一个反复迭代的系统工程过程，逐步赋予产品固有的安全属性。

因此，安全性保证就是应用工程化的方法、技术和专业知识，通过策划与实施一系列管理、设计与分析、验证与评价等方面的工作，识别、消除危险或降低其风险。

1.2.3 事故

GJB 900A 给出的事故定义是“造成人身伤亡、职业病、装备损坏、财产损失或环境破坏的一个或一系列意外事件”。

为了更好地理解事故的含义，有必要引入事故发展的非线性曲线，如图1-2所示。从图1-2看出，只要在可控范围内纠正错误，就可以避免发生大事故。从这个角度而言，可以认为事故是由于未能鉴别危险或是由于控制危险的措施不当而造成的。

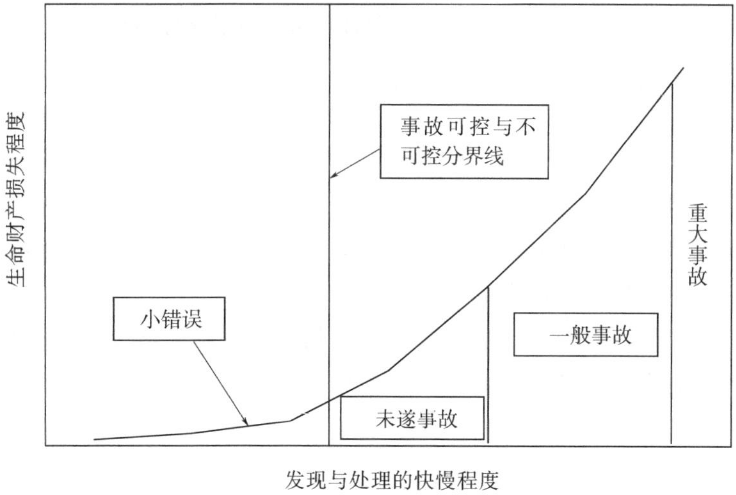

图1-2　事故发展的非线性曲线

因此，开展安全性工作，重在识别危险，预想事故的发生和发展过程，以便采取可针对性的消除或控制措施，有效防止事故发生。

1.2.4 危险

GJB 900A 将危险定义为“可能导致事故的状态”。

定义中所说的状态可能为物质状态、环境状态和人员活动状态以及它们的组合。正是由于危险的存在，会使得上述状态从“安全”转变为“不安全”。

另外，能导致事故的状态有明显和潜在之分。明显的危险是指可能引发事故的固有危险特性，如发动机废气排出管具有高温特性，可能导致着火燃烧的危险；有毒物质也是明显的危险。潜在的危险是指原来并非固有的危险状态，在特定条件下潜伏有导致发生事故的可能状态。如在通风良好的条件下存放的煤炭并非危险状态，通风不好时则处于危险状态。火药长期堆放而通风不良，便有自燃的危险；油路管道和电气线路并非明显的危险状态，但设计布置时，油路管道在电线上方，距离很近，则存在油料泄漏、电路起火的潜在危险状态。潜在危险状态是安全性研究的重点和核心。

1.2.5 危险源

QJ 3299－2008《航天工业危险源辨识指南》将危险源定义为“可能导致伤害或疾病、财产损失、工作环境破坏或这些情况组合的根源或状态，包括可能发生意外释放的能量、能量载体或危险物质，以及导致能量或危险物质失控的各种危险因素和有害因素”。

这里的危险因素是指能对人造成伤亡或对物造成突发性损害的因素；有害因素是指能影响人的健康并导致疾病或对物造成慢性损害的因素。

1.2.6 危险严重性

GJB 900A 将危险严重性定义如下：危险严重性是某种危险可能

引起的事故后果的严重程度。危险严重性是危险风险评估的一个重要参数。定性的危险严重性等级划分及定义见表1-1。对于具体的装备，应给出人员死亡、严重或轻度伤害、职业病，装备损毁或报废、严重或轻度损坏以及环境影响等明确的定义，并得到订购方和承制方的共同认可。

表1-1　危险严重性等级划分

等级	程度	定义
Ⅰ	灾难的	人员死亡、装备完全损毁或报废、严重的不可逆的环境破坏
Ⅱ	严重的	人员严重伤害（或严重职业病）、装备严重损坏、较严重但可逆的环境破坏
Ⅲ	轻度的	人员轻度伤害（含轻度职业病）、装备或环境轻度破坏
Ⅳ	轻微的	轻于Ⅲ类的人员伤害、装备或环境破坏

1.2.7　危险可能性

GJB 900A将危险可能性定义如下：危险可能性是指某种危险发生的可能性。

通常用危险事件出现的频繁程度等级来度量危险可能性，见表1-2。对于具体的装备，其定义应得到订购方和承制方的共同认可。

表1-2　危险可能性等级划分

等级	说明	产品个体	装备总体
A	经常	可能经常发生	连续发生
B	很可能	可能发生若干次	经常发生
C	偶然	可能偶尔发生	发生若干次
D	很少	极少发生，但有可能	很少发生，但有理由预期可能发生
E	极少	极少发生，可认为不会发生	极少发生，有理由认为几乎不可能发生

1.2.8　风险

GJB 900A将风险定义为“对某一危险的危险可能性和危险严重

性的综合度量”。虽然这里讨论的是风险，但风险涉及的内容很多，包括技术风险、进度风险、投资风险等。故本书的风险特指技术风险中的安全性风险。

通常从危险严重性和危险可能性两方面，综合评价危险的风险水平。评价可采用定性或定量的方法。GJB 900A 给出了定性的风险指数评价法作为参考。确定风险指数的参考示例见表 1－3。针对不同风险指数的风险接受原则参考示例见表 1－4。

表 1－3　危险的风险指数参考示例

危险可能性等级	危险严重性等级			
	Ⅰ（灾难的）	Ⅱ（严重的）	Ⅲ（轻度的）	Ⅳ（轻微的）
A（经常）	1	3	7	13
B（很可能）	2	5	9	16
C（偶然）	4	6	11	18
D（很少）	8	10	14	19
E（极少）	12	15	17	20

表 1－4　针对不同风险指数的风险接受原则参考示例

风险指数	风险接受原则
1～5	不可接受
6～9	不希望、需订购方决策
10～17	订购方评审后接受
18～20	不需评审即可接受

利用风险指数评价法，可以定性地衡量风险大小。该方法也说明了只要有危险的存在，就有风险。例如，导弹的弹上火工品有意外爆炸危险，这种危险是客观存在的。但可以采取各种措施使其在应用中意外爆炸的风险变得小一些。这也进一步说明，人们更为关注的是“风险”，而不是“危险”。有的情况下虽然客观危险性很大，但实际承担的风险很小。

1.2.9　残余风险

GJB 900A 将残余风险定义为“实施了安全性设计措施、使用安全措施等所有可以降低风险的技术手段之后，仍然存在的风险”。

在工程上，完全从系统中将危险消除几乎是不可能的，即绝对为零的风险是不存在的。例如，导弹动力系统中的推进剂、弹上的高压气瓶以及易燃、易爆的火工品等。这些是产品固有的危险源，无法从设计中消除。

因此需要对危险进行综合评价，确认在采取了安全措施后是否还存在残余风险，并对已确认的残余风险及其安全性改进措施的实施情况进行重点关注。

1.2.10　安全性关键项目

GJB 900A 将安全性关键项目定义为“对装备安全性有重大影响的项目，通常包括功能、硬件、软件、操作规定和信息等”。

工程上应通过评价技术方案、安全性要求、历史经验教训以及相关危险分析确定的高风险项目等来综合确定安全性关键项目，如含有毒性、腐蚀性、放射性等危险物质或高温、高压一类的产品，可能导致Ⅰ类或Ⅱ类危险的产品及使用操作规程，控制或可能影响安全性关键功能的软件等，都属于安全性关键项目。在装备研制和使用中，对确定的安全性关键项目实施重点控制。

1.3　安全性与其他通用质量特性

工程上通常将包括安全性、可靠性、维修性、测试性、保障性以及环境适应性在内的六个通用质量特性简称为“六性”。由于安全性涉及装备设计、制造、使用和保障等各方面，它与装备硬件、软件、使用操作等有着密切的关系。即使武器装备整体性能指标很先进，但在使用、测试、维护和维修过程中如果随时面临发生事故、人员伤亡和设备损毁的可能，战备完好性和任务持续性的发挥将无从谈起。

“六性”作为武器装备通用质量特性的有机整体，互有衔接、相辅相成，共同保证了武器装备的性能，关系图如图 1－3 所示。其中，安全性以“事故”为核心，通过确保装备使用安全、故障安全、保障安全，对其他通用质量特性相互形成约束。安全性与其他通用质量特性的相互关系如下。

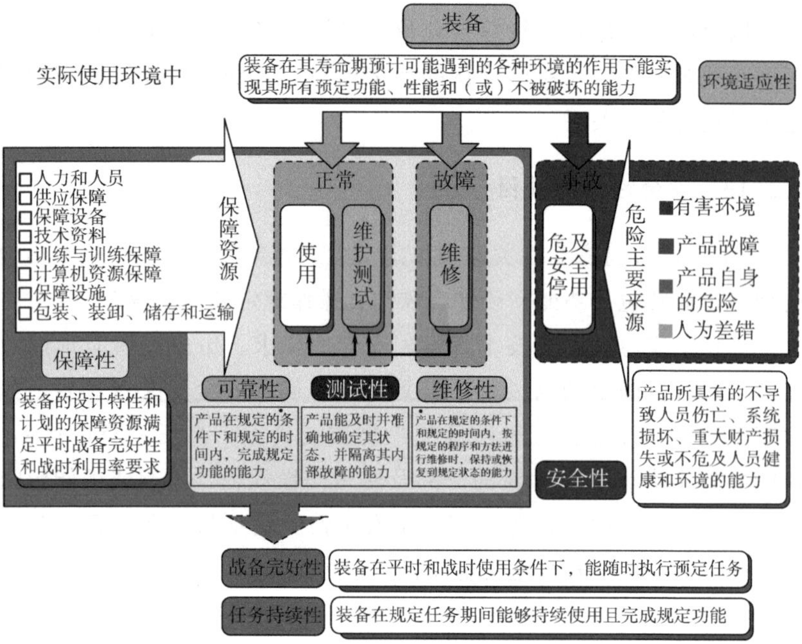

图 1－3　“六性”关系图

（1）安全性与可靠性

安全性与可靠性往往被认为是等同的。实际上两者既有联系，又有区别。可靠性的研究对象是故障，而安全性的研究对象是事故。

有的情况下安全性与可靠性互为矛盾。一个典型例子就是对敏感火工品与钝感火工品的选用，前者使用可靠但有较大的风险，后者安全性高但任务可靠性差。

对某一功能而言，冗余设计有助于提高任务可靠性，但如果冗余部分引入了危险因素，如某内燃机设有电起动和高压气体起动两套起动装置，尽管保证了起动的任务可靠性，但引入高压气体的危险源，反而降低产品的安全性。为此，必要时应采取故障安全设计措施，使产品在出现故障时能保持安全或恢复到不会发生事故的状态。

（2）安全性与维修性、测试性

武器装备在故障后的测试与维修工作均涉及到安全性问题。因此，维修性设计过程中，对于维修测试过程中遇到的运动机构件、高温或高压设备等各类危险源，应采取保证维修安全的设计措施；同时要采取完善的防差错及识别标志等维修性设计措施，避免因保养修理不当、装配差错引发事故，即使发生差错，也不会威胁到武器装备及其操作人员的安全。

（3）安全性与保障性

当安全性设计中采取安全装置来降低风险，在保障性设计中就应制定相应的预防性维修保障方案，如规定在基层级定期对安全装置进行功能检测，从而以最少的资源消耗保持武器装备的固有安全性水平。

（4）安全性与环境适应性

安全性与环境适应性都与环境因素有关，但关注的重点不同。安全性关注可能是引发危险的所有有害环境；而产品环境适应性关注的是产品敏感的环境因素。

环境试验验证充分，能够及时发现有害环境相关的危险源。因此，在环境适应性设计中，对于所制定的环境试验要求，应根据实际情况附加一定的裕度，以涵盖武器装备寿命期可能遇到的小概率极端气候环境或与设计环境不同的使用环境等特殊环境因素。

参考文献

[1] GJB 900A－2012. 装备安全性工作通用要求[S]. 2012.

[2] GJB 900A.《装备安全性工作通用要求》实施指南[S]. 总装备部技术基础管理中心,2014.

[3] QJ 3299－2008. 航天工业危险源辨识指南[S]. 2008.

[4] 赵廷弟,等 . 安全性设计分析与验证[M]. 北京:国防工业出版社,2011.

[5] 陈学楚,等 . 装备系统工程[M]. 北京:国防工业出版社,2005.

第 2 章　型号安全性保证一般要求

2.1　型号安全性保证目标与基本过程

2.1.1　工作目标

从过程上看，型号安全性保证工作注重全寿命周期，强调全过程控制。在研制过程中从需求分析开始就要考虑型号的安全性问题，通过科学论证确定合理的安全性要求，通过系统的分析、设计和研制确保装备能够达到规定的安全性要求。确保装备在使用、贮存、运输乃至报废过程中不发生安全事故，不会造成人员伤亡或环境破坏。

因此，装备开展安全性工作的目标是：在装备全寿命周期内，综合权衡性能、进度和费用，将装备的风险控制到可接受水平。

2.1.2　基本过程

型号安全性保证是一个反复迭代、不断完善的系统工程过程，贯穿于全寿命周期。应该在型号研制早期开始实施，而随着研制工作的进展、可获得的数据和信息的增多，在不同的寿命阶段开展不同类型的工作，以满足装备的安全性要求。型号安全性保证过程中的主要工作环节如下。

(1) 确定装备安全性要求

在立项论证阶段，订购方根据装备的危险特性、可接受的风险水平，并综合考虑军事需求、使用要求、任务剖面、技术基础、研制进度以及全寿命周期费用等，科学、合理地确定装备的安全性要求。承制方应协助订购方对装备的安全性要求进行论证，确保安全性要求的可实现性。

(2) 策划与管理安全性工作

承制方应围绕装备的安全性要求，策划装备全寿命周期中所需要开展的安全性工作，并规定在安全性工作计划等文件中。

(3) 识别危险

依据历史事故信息与相似产品经验教训，采用相应的技术方法（如GJB/Z 99－97《系统安全工程手册》的初步危险表、GJB/Z 1391－2006《故障模式、影响及危害性分析指南》的FME（C）A、GJB/Z 768A－98《故障树分析指南》的FTA等），综合考虑硬件、软件、环境及使用与维修规程等因素，识别装备在全寿命周期中所有可能存在的危险。

(4) 分析危险和评价风险

分析危险和评价风险是型号安全性保证过程的核心环节。对每个危险的发生原因、发生可能性及后果进行分析，并确定其危险可能性和危险严重性。

在不同阶段，由于可获取的数据及信息的不同，危险分析的重点也有所不同。通常在论证阶段和方案阶段，主要开展初步危险分析。在工程研制阶段开展系统危险分析、使用和保障危险分析。具体的危险分析方法将在第5章详细介绍。

(5) 消除危险或降低风险

在对已确定的危险采取实际措施之前，型号安全性是无法有效保证的。因此，应根据风险分析和评价的结果，遵循安全措施优先次序原则，在装备研制过程中有重点、有针对性、持续地采取安全性设计措施，消除危险或降低风险。

安全措施可能涉及产品现有设计中的局部更改。这不仅包括软硬件的设计更改，也可能是规程的设计更改。由于这些设计更改使得原先的武器系统技术状态发生了变化，所以一旦进行了设计更改，需要再重复进行“识别危险—分析危险和评价风险—消除危险或降低风险”。通过反复迭代，确保为纠正某个危险所采取的安全措施不会再引入其他的危险。

（6）安全性验证

承制方选择合适的方式（试验、演示、分析等），验证装备对研制总要求中规定的安全性定性要求和定量指标的满足情况。同时还需要验证研制期间为消除危险所采用的设计更改、控制措施及安全装置等的充分性和有效性。

（7）安全性评价

综合安全性设计、分析与验证的结果，评价装备的安全性水平，并以此确认：安全性（工作）计划是否完成，安全性要求是否得到满足，残余风险是否可以接受。如果是，则达到装备安全性目标；如果否，则根据验证与评价的结果改进后，继续开始下一循环的安全性工作。

（8）跟踪危险

在武器系统寿命周期内建立并运行危险跟踪系统，建立安全性关键项目清单，对每个危险、危险严重性、危险可能性、危险原因，所采取的控制措施、验证方法及结论、危险消除或风险降低措施及残余风险进行记录和持续跟踪。

装备安全性工作基本流程如图 2－1 所示。

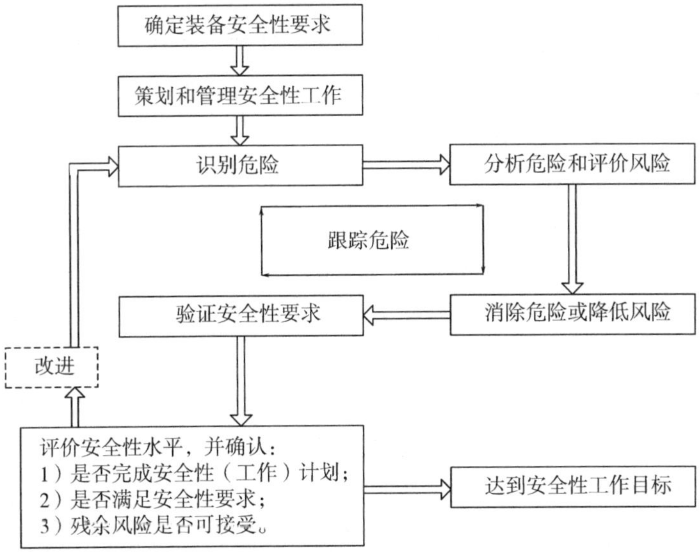

图 2－1　装备安全性工作的基本流程

2.2　型号安全性保证工作原则

2.2.1　强化危险风险管控原则

产品的安全性同可靠性一样，既是设计出来的，也是管理出来的。这一性质决定了要想成功研制出安全可靠的装备，并将其风险控制到可接受水平，必须应用专业技术和手段，加强安全性保证工作的组织和管理，实现对系统的安全性进行管理与控制。这就要求安全性工作组织中的各单位和机构的相关人员明确并严格履行自身职责，把安全性要求严格传递并落实到每个设备和分系统、每个环节，确保危险源辨识不留死角，制定和贯彻安全措施不留漏洞。

2.2.2　预防为主早期投入原则

在武器系统全寿命周期，提高安全性水平的机会与成本是不同的。在研制阶段的早期，武器系统技术状态变化的自由度大，开展安全性设计的机会多，成本也较少。一旦到工程研制试样阶段、定型阶段，产品的技术状态趋于固化，达到规定的环境适应性和安全性要求反而成本高、困难大。

装备的安全性问题不应该在事故发生后或危险已经十分明显时才去研究、考虑，这样的损失十分巨大，并且有时是无法弥补的；也不应到生产或使用中才考虑改进措施来解决安全性问题，这样的改进将会需要很多的人力和物力资源，并且有些先天性缺陷还可能无法从根本上解决。

因此，安全性工作的源头是设计，遵循预防为主、早期投入的指导方针，在研制早期就尽可能开展装备安全性研制工作，以降低装备中危险的数量及其风险，通过及时、有效、经济的方式将安全性综合到产品设计中去。应在武器装备论证、工程研制、定型过程中同步开展安全性保证工作，从而免去武器装备使用阶段产生的大量安全性改进费用。

2.2.3　安全措施优先次序原则

在安全性设计中，为了满足安全性要求和纠正已判定的危险，应按照以下优先次序采取安全措施。

(1) 最小风险设计

首先在设计上消除危险，若不能消除已判定的危险，应通过改进设计将其风险降低到订购方规定的可接受水平。

(2) 采用安全装置

若不能通过设计消除已判定的危险或不能通过设计方案的选择满足订购方的要求，则应采用永久性的、自动的或其他安全防护装置，使风险降低到订购方可接受水平，并且应规定对安全装置作定期的性能检查。

(3) 采用告警装置

若最小风险设计和安全装置都不能有效地消除已判定的危险或满足订购方的要求。则应采用告警装置来检测出危险状况，并向有关人员发出适当的告警信号。告警标记或信号应明显，并满足标准化要求，以尽量减少人员对信号做出错误反应的可能性。

(4) 制定专用规程并进行培训

若通过设计方案的选择不能消除危险，或采用安全装置和告警装置也不能满足订购方的要求，则应制定专用规程。该规程指为保证装备的安全操作而制定的规程，同时还包括个人防护装置的使用方法等。对从事装备安全相关工作的人员，应进行培训和资格认定，必要时要求持证上岗。

对于危险严重性等级为Ⅰ级和Ⅱ级的危险，决不能仅仅使用告警、注意事项或其他形式的提醒作为减少风险的唯一方法。

安全措施优先次序原则如图2-2所示。

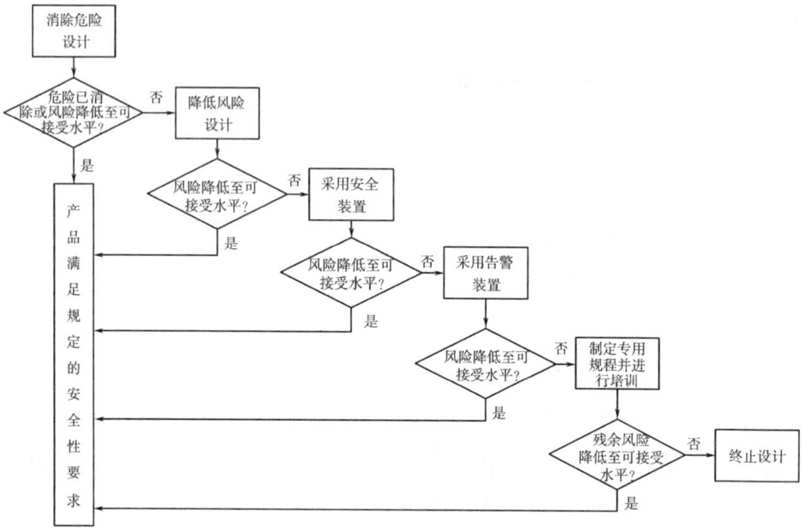

图 2-2　安全性措施优先次序

某型号发射车箱弹装填的安全性设计，是遵照安全措施优先次序原则的一个示例。在该设计中，首先在四个对接轴销上增加黄色区域线，作为轴销落到位的指示，确保箱弹起竖装填的安全性，这一标记能够有效地将箱弹起竖倾倒伤人的危险（已判定的危险）降低至可接受水平。除此之外，为了确保箱弹的装填安全，对导弹模块装填作业制定详细操作规程，并在作业前开展培训。

2.2.4　其他原则

安全性保证工作的其他原则如下：

1）在充分分析和研究的基础上，论证确定装备的安全性要求，安全性要求应合理、科学、可实现并可验证；

2）在装备研制阶段，安全性工作必须纳入装备的研制工作，并根据装备特点和安全性要求，对安全性工作进行统筹策划，确保协调开展。

2.3　型号安全性保证工作要点

2.3.1　建立健全安全性工作组织机构

安全性工作组织机构的健全与否决定了能否有效地贯彻型号所制定的安全性保证大纲，能否系统地开展安全性工作。安全性是涉及到人员或装备安全的一种设计属性，应在装备研制阶段加以关注。安全性问题一般来说是不可妥协的问题，这一点不同于其他的设计属性。正因为如此，需要赋予安全性工作组织机构适当的职权。有一点是需要明确的，无论某个单位的安全性组织规模如何小，从管理上，它也应能直通本单位的最高管理机构。

无论是订购方、还是承制方，都应建立工作组织机构。只有这样，订购方才能提出科学合理的系统安全性要求，并监督和控制承制方来实现这些要求，承制方也才能应用科学的方法来实现订购方的要求，最终赋予装备安全性。

总之，贯彻型号的安全性保证大纲，系统地开展安全性工作，必须要有健全的安全性工作组织机构，这是型号安全性保证最基本的条件。

2.3.2　产品安全性保证的源头是设计

安全性是一种设计属性，设计决定了装备固有的安全性水平。当产品设计不完善或有缺陷，将可能引入较严重的潜在危险进而发生重大事故，如压力容器强度设计不到位可能导致爆炸，产品未考虑防误操作的设计会导致使用时可能发生事故等。

因此，对产品设计师来说，“安全”不仅仅是一句口号，它更是一种实际行动。必须将安全性纳入到产品设计中去，将安全性设计与产品的性能设计同步开展，把危险源辨识等安全性工作结果及时反馈到产品设计中，通过落实有效的安全措施而赋予其安全性，最终获得风险水平可接受的装备。

2.3.3 安全性设计的核心是危险源辨识

安全性设计首先是确定产品中的危险源。只有确定了危险源，才可能找出事故产生的原因和采取有效的安全控制措施，这就要依赖于危险源辨识。

有的时候，发生事故是由于设计人员未能识别出并进一步消除或控制某个危险。这是由于设计人员缺乏系统地分析危险的经验，只能看出直接显露的危险源，而不能识别隐藏的危险源。

因此，在最初考虑产品的设计方案时，应该结合工程经验和型号的具体特点，利用各类方法及工具，对潜在危险源进行系统而深入的挖掘，在研制阶段尽早暴露安全隐患，识别系统方案中可能存在的危险，编制危险源清单，用于权衡不同方案的危险严重性、危险可能性及使用安全要求，力争获得消除危险或将危险降低到最低限度的最佳方案。

2.3.4 制定计划是安全性保证的前提

型号的安全性必须依靠科学、合理的工作计划予以保证。为了确保装备能够满足规定的安全性要求，承制方应制定一份纲领性文件，其中明确安全性目标（为什么做），为实现安全性目标应完成的工作项目（做什么），每项工作进度安排（何时做），哪个单位、部门或人员来完成（谁去做）以及实施的办法与要求（如何做）。这份纲领性文件即型号安全性保证大纲。随着 GJB 900A－2012《装备安全性工作通用要求》的颁布实施，安全性保证大纲更名为安全性工作计划。

安全性工作计划是承制方开展安全性工作的基本文件。它决定了系统安全性工作的广度和深度，周密的工作计划能协调好系统安全性与其他工程领域的关系，及时地获取有效的信息，经济而有效地实现系统安全性目标。

2.3.5 信息是安全性工作的基础

武器装备安全性设计与分析贯穿于全寿命周期各个阶段。包括初步危险分析、分系统危险分析、系统危险分析等，以及系统试验或使用前进行的安全性验证与评价。这些安全性工作项目有效开展，在很大程度上取决于对资料或报告中安全性信息的追溯与查询。可以说，没有信息，安全性工作就无法进行。

安全性信息的来源包括相似型号的历史资料和经验教训以及型号的研制与生产中的安全性工作的输出，因此，应该建立系统全寿命周期安全性信息数据系统，对全寿命周期所有相关安全性设计与试验需要的数据实行统一调用、智能管理，有的放矢地为全寿命周期各项安全性工作项目所用，作为开展各项工作的输入和依据，有助于进一步提高型号产品固有安全性设计水平。

2.4 寿命周期各阶段安全性保证工作

2.4.1 论证阶段

在论证阶段，武器系统从任务需求出发，提出战术技术指标，制定初步总体方案，并通过项目风险评价，进行总体技术方案评审、优化、权衡和选择，完成立项综合论证。在这一阶段，安全性的主要工作是根据相似装备的经验，并考虑新研制装备的特点，确定安全性定性和定量要求以及安全性工作项目要求。

本阶段重点开展的安全性分析工作为初步危险分析，识别装备设计方案中可能存在的危险，进行初始的风险评价，初步危险分析的结果作为确定安全性关键项目和制定安全性设计准则的依据。

2.4.2 方案阶段

方案阶段的安全性工作目标是论证并确认产品的设计方案能否达到研制总要求中规定的安全性要求。在该阶段安全性工作主要包括：制定安全性工作计划，明确在装备寿命周期各阶段要进行的安全性工作；参加综合权衡研究，以评价设计对安全性的影响；进一步修改完善初步危险分析。通过危险分析确认装备是否达到了所要求的安全性，采取适当的危险纠正措施改进设计方案，并利用危险跟踪系统来保证这些措施的有效实施。

其中，方案阶段应重点开展初步危险分析，对武器装备主要危险源及可能的危险事件进行梳理。同时制定武器系统安全性设计准则，针对初步危险分析得到的具有危险特性的功能、产品、材料以及与环境有关的危险因素等，按照准则采取适当的安全控制措施，落实到各级产品方案中。

需要注意的是，若本阶段开展原理性试验，则应在试验前完成危险识别、分析和风险评价。制定安全措施，对试验前识别的危险加以消除或控制。同时从系统安全性的角度评审试验规程等文件，确保整个试验过程的安全性。

2.4.3 工程研制阶段

在工程研制阶段，安全性工作大多是方案阶段工作的延续，首先是评审和修订武器系统安全性工作计划。如果型号有多个转承制方，通常应制定综合的系统安全性工作计划，以协调承制方和各转承制方的各项安全性工作。

随着研制工作的进展，本阶段装备研制已经具体化，应在初步危险分析的基础上，以实际的软硬件产品为分析对象，识别可能由产品故障或功能异常、危险品、能源、环境因素、人为差错、接口等导致的危险，制定详细的安全性关键项目清单。在形成使用与维修保障方案时开始，针对武器系统使用、维修过程中各项活动开展危险分析，识别并评价由人员操作、执行任务或实施保障导致的危险。

当系统设计或使用规程发生更改时，应对型号在当前研制阶段下的危险分析进行相应的补充或修正，随之调整安全性关键项目清单，以明确更改对安全性的影响（如是否降低安全性水平、引入新危险等）。

应开展必要的安全性验证试验。在地面试验、飞行试验等大型试验前，开展试验的安全性分析，完成试验前安全检查和文件评审。

除此之外，还应对本阶段输出的相关安全性工程报告组织评审，确定安全性培训要求并进行培训。

2.4.4　设计定型阶段

在设计定型阶段，根据订购方提出的安全性要求及相关标准、规范，完成弹上设备及导弹等安全性专项鉴定试验。

在飞行试验前，分析靶场试验条件识别试验中可能发生的危险，在此基础上制定安全措施，并在试验前开展安全检查和评审。

分析确定采取安全措施后系统中的残余风险，开展安全性符合有关规定的评价。这是全面系统的安全性评价，涉及系统、分系统、设备等各个方面，以确定系统符合研制任务书、研制总要求以及国家安全法规等安全性要求。

2.4.5　使用阶段

使用阶段的安全性工作一方面是使用安全性信息收集，即有计划地收集武器装备使用期间的相关危险和事故数据，内容包括使用管理、维修保障、退役报废等过程中发生的事故或未遂事故及相关使用操作等安全性信息，从而为装备使用阶段的安全性评价、改进以及新装备的论证与研制提供依据。另一方面，对使用阶段所开展的各种改进进行安全性验证与评价，防止引入新危险或由于解除了对原有危险的控制措施等而造成危险。

应重视对使用安全性信息的收集。由于装备事故或未遂事故的再现可能性不大，所以使用安全性数据的收集应有周密的计划和细致的考虑。具体如图 2-3 所示。

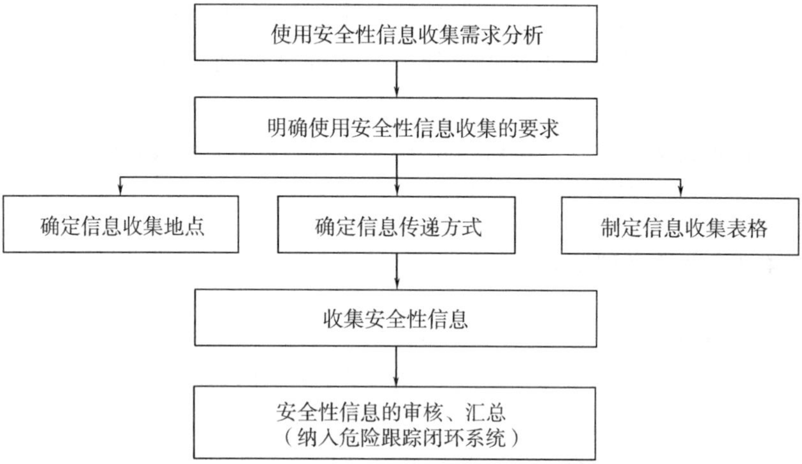

图 2-3　使用安全性信息收集的一般程序

需求分析的重点是围绕安全性改进和评价及其他安全性工作所需信息进行分析，从而确定使用安全性信息收集的范围、内容和程序等。从规范化收集信息的角度考虑，应统一信息分类、信息单元、信息编码，并建立通用的数据库等，将以上内容逐一细化形成安全性信息收集的具体要求。

装备使用单位应按规定的要求，完整、准确地收集信息，填写事故（或未遂事故）信息收集表，对装备事故或未遂事故及时报告。

事故（或未遂事故）信息收集表的格式见表 2-1。

表 2-1　××事故（或未遂事故）信息收集表示例

表格编号		产品名称		所属型号	
填写单位		危险发生地点		发生时间	
事件（或未遂事故）的过程描述					
原因分析					
问题分类	a. 设备故障　b. 有害环境　c. 人为差错　d. 管理问题 e. 其他：______				
后果及影响					
严重性					
安全性相关标准规范的要求					
改进措施					
安全性启示					

承制方应配合订购方，针对所收集的安全性信息进行整理、分析和评价，确保获得可信的评价结果及其他有用信息，并将该信息纳入危险跟踪闭环系统进行统一管理。

2.5　安全性工作与其他工作的协调

对于复杂的大系统而言，往往会在研制阶段涉及到众多的工程专业。因此，安全性与可靠性等在内的通用质量特性综合协同设计成为做好安全性工作的一项关键。要使安全性与其他专业协调地工作，就必须通过强有力的系统工程过程将相关的工程专业综合起来，并作出恰当的权衡。

应按 GJB 450A－2004《装备可靠性工作通用要求》、GJB 368B－2009《装备维修性工作通用要求》、GJB 2547A－2012《装备测试性工作通用要求》、GJB 3872－1999《装备综合保障通用要求》、GJB 4239－2001《装备环境工程通用要求》，协调安全性工作与其他工作，主要包括：

1）安全性工作应与可靠性、维修性、测试性、保障性和环境适应性等工作相协调，并尽可能结合进行，减少重复，在安全性工作计划中应明确与这些工作的接口关系；

2）承制方安全性工作需要的输入信息或从安全性工作获得的信息应能满足有关可靠性、维修性、测试性、保障性和环境适应性等工作的输入或输出要求，并应在研制工作中明确接口关系。

参 考 文 献

[1] GJB 368B－2009. 装备维修性工作通用要求[S]. 2009.

[2] GJB 450A－2004. 装备可靠性工作通用要求[S]. 2004.

[3] GJB 841－1990. 故障报告、分析和纠正措施系统[S]. 1990.

[4] GJB 900A－2012. 装备安全性工作通用要求[S]. 2012.

[5] GJB 2547A－2012. 装备测试性工作通用要求[S]. 2012.

[6] GJB 3872－1999. 装备综合保障通用要求[S]. 1999.

[7] GJB 4239－2001. 装备环境工程通用要求[S]. 2001.

[8] QJ 2236A－1999. 航天产品安全性保证要求[S]. 1999.

[9] 赵廷弟,等. 安全性设计分析与验证[M]. 北京:国防工业出版社,2011.

第3章　安全性及工作项目要求的确定

3.1　确定安全性要求

安全性要求是装备安全性工作的出发点，是承制方开展安全性工作的基本依据，也是订购方对装备安全性进行监控、考核与验收的重要依据之一。安全性要求主要来源于对整个装备效能的要求以及用户的要求。应根据装备的危险特性，综合考虑任务需求及使用要求等，提出安全性要求。

承制方应协助订购方在装备立项阶段和制定研制总要求时开展该项工作，在方案阶段结束前明确所有安全性要求。经协调确定的安全性要求必须纳入装备研制总要求或合同中。

3.1.1　安全性要求的分类

装备的安全性要求分类如图3-1所示。

需要注意的是，本书遵循GJB 900A的做法，将工作项目要求单独从安全性要求中分离出来，在3.2节中加以详细叙述。

3.1.1.1　按照阶段分类

安全性要求的制定要经历从初定到最终确定的过程，不同的阶段所提出的安全性要求在一定程度上有所差异：

1）在装备立项综合论证过程中，提出的是初步安全性要求；

2）在研制总要求的综合论证过程中，应协调和调整安全性与性能、可靠性、维修性、保障性等关系，以合理的寿命周期费用满足装备的军事需求、主要作战使用性能等要求；

3）在方案阶段结束前，在完成安全性要求论证的基础上明确规

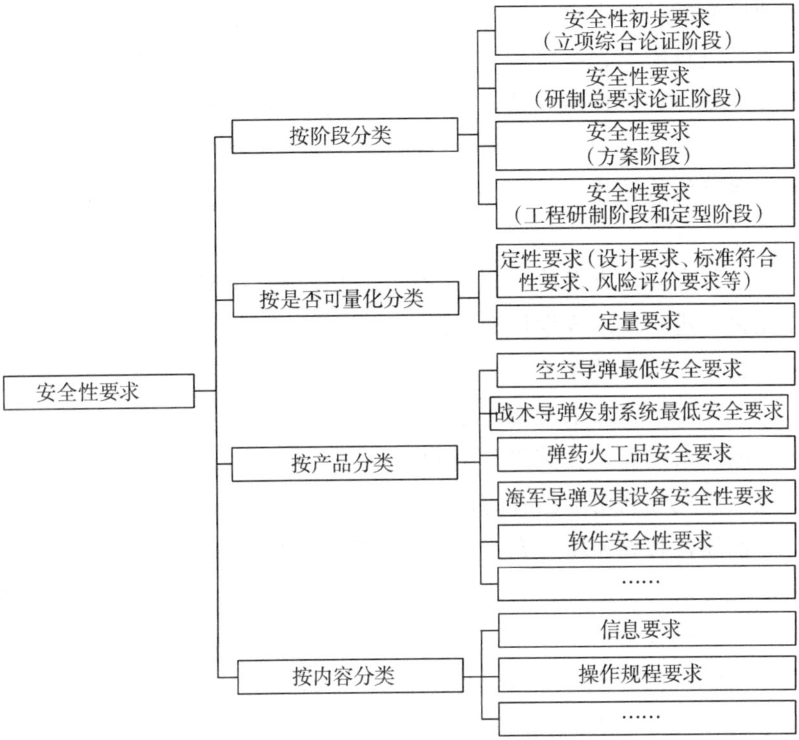

图 3-1　安全性要求的分类

定装备的安全性要求（纳入研制总要求）；

4）在工程研制阶段和定型阶段，随着装备研制工作的进展对安全性要求进一步细化和完善。

3.1.1.2　按照是否可量化分类

安全性要求一般按是否量化分为定性要求和定量要求。定性要求指的是用一种非量化的形式来描述对产品安全性的要求；定量要求是采用安全性参数、指标来规定对产品安全性的要求。

（1）安全性定性要求

① 安全性设计要求

安全性设计要求主要是在总结相似产品使用、事故信息及相关行业经验的基础上制定，如设置电源开关锁定装置、对有害物质和危险品进行隔离、噪声防护等。

此外，针对特定产品，在设计过程中应通过危险分析识别危险，提出有效的控制措施，以消除危险或将其风险降低至可接受水平，而这些措施将转化为针对该特定产品的安全性设计要求，详细指导设计。

承制方应在方案阶段之后的研制过程中继续对设计要求进行补充完善，进一步形成设计准则。

②标准符合性要求

标准符合性要求规定了装备或装备的特定组成部分（如压力容器、电气系统等）在其设计过程中应遵照的标准。标准符合性要求的优点是充分利用了已有的标准规范，内容明确，易于执行和检查。

例如，某导弹压力容器的设计应满足 QJ 2966－1997《导弹和航天器压力系统安全设计和安全工作通用要求》；某型号固体火箭发动机的设计应满足 GJB 2865－1997《火箭和导弹固体发动机点火系统安全性设计准则》的要求。标准符合性要求的另一种形式为设计规范中包含的安全性要求，如 GJB 178A－97《地空导弹武器系统通用规范》中“3.8.8 安全性”。

某典型防空导弹武器系统所要求贯彻的安全性标准见表 3－1。

表 3－1　某典型防空导弹武器系统要求贯彻的安全性相关标准

工作项目类型	工作项目名称	依据标准
管理	工作计划	产品安全性管理[①]
	对外协、外购产品的监督和控制	
	安全性评审	QJ 20365－2014 地（舰）空导弹武器系统安全性评审要求
	建立并运行危险报告、分析和纠正措施系统	GJB 841－1990 故障报告、分析和纠正措施系统

续表

工作项目类型	工作项目名称	依据标准
管理	试验的安全	QJ 20370－2014 地（舰）空导弹飞行试验安全检查细则； QJ 3107－1999 型号飞行试验安全监督检查规定； QJ 2573－1993 地（舰）空导弹飞行试验进场发射安全要求
	安全性培训	产品安全性管理[①]
	风险评价	
分析与设计	初步危险分析（PHA）	Q/QJB 232－2014 地（舰）空导弹武器系统危险源辨识技术规范； QJ 3273－2006 航天产品安全性分析指南； QJ 3139－2001 危险分析方法和程序； QJ 3299－2008 航天工业危险源辨识指南
	系统危险分析（SHA）	
	使用和保障危险分析（O&SHA）	
	职业健康危险分析（OHHA）	
	制定安全性设计准则	QJ 20364－2014 地（舰）空导弹武器系统安全性设计准则

注[①]：承制方内部标准。

③ 风险评价要求

风险评价要求是对风险等级定性划分与选取的要求。按照 GJB 900A 的规定执行。

（2）安全性定量要求

对某些安全关键的系统或设备，一般应规定安全性定量要求，工程中一般称之为“安全性指标”，即用合适的安全性参数及量值（即安全性指标）来表示产品的安全性水平。GJB/Z 99 中规定的常用安全性参数如下。

① 事故发生概率

在规定的条件下和规定的时间内，系统的事故总次数与寿命单位总数之比

$$P_A = \frac{N_A}{N_T}$$

式中 P_A——事故率，次/单位时间或百分数（%）；

N_A——事故总次数，包括由于系统或设备故障、人为因素及环境因素等造成的事故总次数；

N_T——寿命单位总数，表示系统总使用持续期的度量，如工作小时、飞行小时、飞行次数、工作循环次数等。

当寿命单位总数 N_T 用时间，如飞行小时、工作小时表示时，P_A 称为事故率；当 N_T 用次数，如飞行次数、工作循环次数等表示时，P_A 称为事故概率。例如，美国军用飞机常用“事故次数/10^5飞行小时”表示飞机机队的事故率；国际民航组织常用“事故次数/10^6离站次数”表示民用飞机的事故概率。

② 平均事故间隔时间

平均事故间隔时间（MTBA）的度量方式为：在规定的条件下和规定的时间内，系统的寿命单位总数与事故总次数之比，即

$$T_{BA} = \frac{N_{T1}}{N_A}$$

式中 T_{BA}——平均事故间隔时间，h；

N_{T1}——用工作小时或飞行小时表示的寿命单位总数；

N_A——事故总次数，包括由于系统或设备故障、人为因素及环境因素等造成的事故总次数。

③ 安全可靠度

安全可靠度（Safety Reliability）的度量方法为在规定的条件下和规定的时间内，在装备执行任务过程中不发生由于系统或设备故障造成的灾难性事故的概率，即

$$R_S = \frac{N_W}{N_{T2}}$$

式中　R_S——安全可靠度，百分数（%）；

N_W——不发生由于系统或设备故障造成灾难性事故的任务次数；

N_{T2}——用使用次数、工作循环次数等表示的寿命单位总数。

④ 损失率或损失概率

损失率或损失概率（P_L）的度量方法为：在规定的条件下和规定的时间内，系统的灾难性事故总次数与寿命单位总数之比，即

$$P_L = \frac{N_L}{N_T}$$

式中　P_L——损失率或损失概率，次/单位时间或百分数（%）；

N_L——由于系统或设备故障造成的灾难性事故总次数；

N_T——寿命单位总数，表示系统总使用持续期的度量，如工作小时、飞行小时、飞行次数、工作循环次数等。

当寿命单位总数 N_T 用时间，如飞行小时、工作小时表示时，P_L 称为损失率；当 N_T 用次数，如飞行次数、工作循环次数等表示时，P_L 成为损失概率，且可表示为

$$P_L = 1 - R_S$$

3.1.1.3　按照产品分类

为了能够有效保证不同武器装备在其设计、生产、试验与使用过程中的安全性，一般在研制中会结合产品特点提出有针对性的最低安全要求或安全性要求，如舰载导弹发射最低安全要求、战术导弹发射系统最低安全要求、舰空导弹发射转塔系统安全性设计要求、弹药火工品安全要求以及海军导弹及其设备安全性要求等。

3.1.1.4　按照内容分类

① 信息要求

安全性信息包括装备论证、研制、生产、使用和退役等各阶段中有关的安全性数据、资料以及文件等。GJB900A 中对安全性信息要求规定如下：

1）制定必要的信息管理要求和程序，并建立相应的信息系统，

为危险跟踪闭环系统的开发与运行提供支撑；

2）应结合信息管理要求，对寿命周期中所得到的安全性信息进行收集、传递、分析、处理、反馈和归档；

3）承制方向订购方提交的各项安全性工作资料、报告等，应满足订购方要求；

4）安全性信息应在装备相关的合同和研制任务书中明确，并制定相应计划确保在研制工作中遵照实施。

② 操作规程要求

武器装备在生产、试验、使用以及故障后的测试与维修工作均涉及到安全性问题。因此，在采取使用与维修安全等设计保证措施的同时，还应制定相应的操作规程，保证产品能够得以安全的操作，避免因操作不当而导致事故的发生。

在制定操作规程时，应根据实际情况采取不同的形式：可将其作为独立的规范性文件加以说明，如《防空导弹武器系统地面联调技术安全规范》；也可以作为文件的一部分，如《导弹使用维护说明书》中关于测试安全要求以及产品的吊装、贮存、运输要求等相关内容。

3.1.2 安全性要求的确定原则

安全性要求是型号安全性工程中开展设计、分析、验证与评价等工作的依据，正确、科学地确定各项安全性要求是一项重要工作。只有提出和确定了科学、合理的安全性要求，才可能实现将安全性与作战性能、任务成功性等要求同等对待。安全性要求的确定原则如下。

(1) 应明确安全性要求对象

安全性定义中涉及到人员、装备、环境等方面的内容。因此在论证过程中，订购方应组织承制方一起明确安全性要求的具体对象，从而确定与人员、装备、环境等实际情况相一致的安全性要求，才有利于将安全性设计到产品中去。

（2）安全性要求应表述准确无误

订购方应以清晰的表述和恰当的术语规定安全性要求，不应模糊不清、使人误解，或自相矛盾。

（3）安全性要求应可检查、可验证

指标和要求的可检查、可验证是装备从指标论证到项目验收全过程对产品指标和要求进行闭环管理的重要前提。安全性要求的提出应本着物理含义明确、可操作、可检查、可验证的基本原则，从而确保可以通过一系列的验证方法来对装备及其组成部分是否符合规定的安全性要求进行验证。

（4）安全性要求的协调性

装备的安全性要求应与现有安全性法律、法规或标准的有关要求相协调，应与其他通用质量特性等要求相协调，并综合考虑费用因素，力求获得良好的费效比。

（5）指标协调权衡时应优先满足安全性指标

必要时，单独对系统中某些安全关键的分系统或设备提出安全性指标，例如：发动机的点火可靠度。在进行性能、可靠性、维修性、安全性等指标和费用权衡的过程中，应首先保证满足最低安全要求，避免在权衡过程中弱化对安全性的要求。

（6）其他原则

应在参考已有相似装备的基础上，对新研装备提出安全性要求。安全性要求论证的结果应纳入装备研制总要求、研制合同或相关文件中。

3.2　确定安全性工作项目要求

3.2.1　安全性工作项目表

GJB 900A 规定了装备开展安全性工作的所有工作项目，具体包括：安全性及其工作项目要求的确定；安全性管理；安全性设计与分析；安全性验证与评价；装备的使用安全；软件安全性。通过上述一系列安全性工作，最终实现规定的安全性要求，同时经济、有效地将装备风险降低到可接受水平。

GJB 900A 提出的装备安全性工作项目见表 3－2。

表 3－2 装备安全性工作项目表

工作项目类型	工作项目编号	工作项目名称	论证阶段	方案阶段	工程研制与定型阶段	生产与使用阶段	责任单位
安全性及其工作项目要求的确定	101	确定安全性要求	√	√	×	×	订购方
	102	确定安全性工作项目要求	√	√	×	×	订购方
安全性管理	201	制定安全性计划	√	√	√	√	订购方
	202	制定安全性工作计划	△	√	√	√	承制方
	203	建立安全性工作组织机构	△	√	√	√	订购方、承制方
	204	对承制方、转承制方和供应方的安全性综合管理	△	√	√	√	订购方、承制方
	205	安全性评审	√	√	√	√	订购方、承制方
	206	危险跟踪与风险处理	√	√	√	√	承制方
	207	安全性关键项目的确定与控制	△	√	√	△	承制方
	208	试验的安全	△	√	√	△	订购方、承制方
	209	安全性工作进展报告	△	√	√	△	承制方
	210	安全性培训	×	√	√	√	承制方

续表

工作项目类型	工作项目编号	工作项目名称	论证阶段	方案阶段	工程研制与定型阶段	生产与使用阶段	责任单位
安全性设计与分析	301	安全性要求分解	×	√	△	×	承制方
	302	初步危险分析	△	√	△	△	承制方
	303	制定安全性设计准则	△	√	△	×	承制方
	304	系统危险分析	×	△	√	△	承制方
	305	使用和保障危险分析	×	△	√	△	承制方
	306	职业健康危险分析	×	√	√	△	承制方
安全性验证与评价	401	安全性验证	×	△	√	△	承制方
	402	安全性评价	×	√	√	△	承制方
装备的使用安全	501	使用安全性信息收集	×	×	×	√	订购方
	502	使用安全保障	×	×	×	√	订购方
软件安全性	601	外购与重用软件的分析与测试	×	√	×	×	承制方
	602	软件安全性需求与分析	√	√	×	×	承制方
	603	软件设计安全性分析	×	√	√	△	承制方
	604	软件代码安全性分析	×	△	√	√	承制方
	605	软件安全性测试分析	×	×	√	△	承制方
	606	运行阶段的软件安全性工作	×	×	×	√	订购方

注：√—适用；×—不适用；△—可选用

3.2.2　安全性工作项目的剪裁要求

表 3-3 说明了各工作项目的适用阶段以及责任单位，为初步选择工作项目提供了一般性的参考。实际应用过程中，订购方与承制方可根据实际情况，考虑相关的因素、按照一定的原则选择若干适

用的安全性工作项目，对 GJB 900A 规定的项目进行剪裁。剪裁时考虑的主要因素有：

1）装备的类型及其危险特性、复杂程度、任务需求、新技术含量等特点；

2）安全性要求（实施尽可能少的工作项目实现规定的安全性要求）；

3）费用、进度及所处阶段；

4）相同或相似装备的安全性数据等。

如载人航天器等复杂载人装备，由于该类装备系统非常复杂、风险极大，对安全性及可靠性要求也相当高。因此，需要开展大部分安全性工作项目。对于复杂的常规武器，如防空导弹武器系统，由于构成系统的装备数量较多、组成复杂。因此，在一般情况下，其安全性计划中也应包括所有的安全性工作项目，而某些工作项目（如职业健康危险分析）可以作为推荐的非必选项。

3.2.3 安全性工作项目的实施要求

（1）统一安排综合管理

可靠性、维修性等顶层标准都对制定工作计划、评审、研制信息管理以及对转承制方和供应方的综合管理这四项工作做出了明确规定，由于其适用阶段一致、监督控制的目的相近，在研制过程中可针对这些内容制定统一的工程管理要求，尽可能与可靠性、维修性等工作项目要求一并执行。

（2）最大限度地减少重复性工作

安全性分析工作项目应尽可能利用可靠性分析等相关工作结果。比如危险分析的过程中，应充分利用 FME（C）A 的分析结果，减少重复，提高效益。

（3）明确项目的工作方法和详细要求

为确保安全性工作的有效执行，从输入信息、工作方法、输出结果以及应遵循的标准等方面细化具体的要求。按照研制阶段、产品层次，给出与各工作项目有关的文件名称及包含的主要信息。

参 考 文 献

[1] GJB 900A－2012. 装备安全性工作通用要求[S]. 2012.

[2] GJB 900A.《装备安全性工作通用要求》实施指南[S]. 总装备部技术基础管理中心,2014.

[3] QJ 2236A－1999. 航天产品安全性保证要求[S]. 1999.

[4] 赵廷弟,等 . 安全性设计分析与验证[M]. 北京:国防工业出版社,2011.

第4章　安全性管理

4.1　制定安全性计划

安全性计划是订购方开展安全性工作的纲领性文件。订购方应在装备立项综合论证时开始制定安全性计划，明确需要完成的工作项目及其要求、主要工作内容、进度安排以及实施单位等，作为承制方制定安全性工作计划的输入。安全性计划的作用是：

1）对安全性工作提出总要求，做出总体安排；

2）对订购方应完成的工作做出安排；

2）明确对承制方安全性工作的要求；

4）协调安全性工作中订购方和承制方以及订购方内部的关系。

安全性计划的具体内容包括安全性要求和安全性工作项目要求的论证工作外，还包括安全性信息收集、对承制方的监督与控制、安全性评价与改进等一系列工作的安排与要求。随着装备研制工作的进展和安全性工作的开展，应不断补充、完善安全性计划。

4.2　制定安全性工作计划

承制方通过制定安全性工作计划来组织、指挥、协调、控制与监督型号寿命周期中全部安全性工作，以实现研制总要求或任务书中规定的安全性要求。

安全性工作计划的主要内容包括：

1）装备的安全性要求和安全性工作项目要求，其中安全性工作项目要求至少应包含已确定的安全性工作项目；

2）各项安全性工作项目的实施细则，如工作项目的目的、内容、范围、实施的程序、完成形式和对完成结果评价的方式等；

3）承制方安全性工作的管理和实施机构及其职责，以及保证安全性工作计划得以实施所需的组织、人员和经费等资源的配备；

4）事故的报告与调查要求；

5）安全性信息的传递方式与管理程序；

6）装备安全性工作与其他安全工作的接口（如试验场所安全、化学与生物安全等）；

7）安全性工作与其他工作（如可靠性、维修性、保障性等）的接口说明；

8）安全性工作的计划进度以及与装备总研制计划协调的说明。

安全性工作计划应通过评审，获得订购方认可。随着装备的研制设置监控点，对安全性工作计划的执行情况进行检查和评审，并对安全性工作计划进行动态调整和完善，以确保安全性工作的有效性，及时发现问题并加以解决。

4.3　建立安全性工作组织机构

承制方应依托型号设计师系统建立安全性工作组织机构。安全性工作组织机构主要由型号总指挥、型号总师、型号总质量师、产品设计师和安全性专业设计师组成。在型号的系统级和分系统级应考虑设立安全性专业设计师。

安全性工作组织机构中各类人员的工作职责见表4-1。

表4-1　安全性工作组织机构各类人员职责

序号	类别	工作职责
1	型号总指挥	对型号安全性管理工作全面负责； 负责组织型号安全性工作的实施
2	型号总师	负责组织型号安全性要求的论证； 协调解决型号研制中重大的安全性问题，组织安全性技术攻关； 审批型号安全性工程技术文件

续表

序号	类别	工作职责
3	型号总质量师	协助总指挥建立安全性工作组织机构； 协助总师组织型号安全性工作策划； 负责组织开展型号安全性工程的有关工作
4	产品设计师	负责产品研制阶段及试验前的危险源辨识，确定安全性关键项目清单； 制定并贯彻产品的安全性设计准则，开展产品的安全性设计； 编写安全操作规程、应急措施和处理预案，确保产品在试验、使用和保障过程中的安全性； 试验前对产品及试验配套设备设施的安全技术状态进行检查和确认； 负责产品的安全性信息收集、传递与分析； 对产品的安全性进行分析评价，并落实改进措施； 在专业设计师的帮助下，确定外协产品安全性要求，对外协产品安全性进行管控
5	安全性专业设计师	负责安全性工作顶层策划与安全性工作计划的制定； 负责系统级和分系统级安全性试验； 负责提供危险源辨识、风险评价等安全性相关技术支持； 负责制定产品研制任务书中的安全性相关要求，对产品安全性相关要求的贯彻实施进行监督、检查与评价，并提出改进建议； 负责贯彻落实国军标等上级标准，同时制定安全性通用规范和标准； 负责安全性新技术、新理论在工程中的应用研究； 负责安全性设计与分析工具的应用推广； 负责对产品设计师进行安全性专业培训； 引导、协助产品设计师制定并贯彻产品的安全性设计准则、规范等

4.4 对转承制方和供应方的监督和控制

大型复杂装备往往需要由承制方、多个转承制方及供应方来共同完成。因此，对转承制方和供应方的监督和控制是一项重要的安全性工作，其目的是对转承制方和供应方的安全性工作进行监督与控制，必要时采取相应的措施，以确保转承制方和供应方交付的产品符合任务书规定的安全性要求或风险达到订购方可接受的水平。

承制方的安全性工作计划中应具有相应的管理措施，包括：

1）考察转承制方、供应方对产品的安全性保证能力；

2）参加专题会议等与安全性评审相关的活动；

3）要求转承制方和供应方提供安全性信息（如产品安全性设计、分析和试验数据）等；

4）在研制任务书中提出外协、外购产品的安全性要求，如安全性定性定量要求、对转承制方安全性工作项目的要求、执行危险跟踪与风险处理要求等。

4.5　安全性评审

安全性评审是对装备研制工作从一个阶段转入另一个阶段的重要决策手段。实际上包括两种形式：一是安全性设计评审，主要评审安全性设计的可行性，以及产品的安全性是否达到研制总要求或研制任务书规定的安全性定性和定量要求，该评审是产品设计评审的一个重要组成部分；二是安全性工作评审，主要评审安全性工作项目的进展情况和关键问题。

安全性评审应尽可能与产品设计、可靠性、维修性、保障性等通用质量特性评审结合进行。必要时，对影响装备安全性的设计更改、偏离和超差等进行专项安全性评审。

4.5.1　安全性评审节点的设置

研制阶段的安全性评审应分阶段（方案阶段、工程研制初样阶段、工程研制试样阶段和设计定型阶段等）、分级（即系统、分系统、设备或整机级等）、分专项（地面试验前、导弹总装前、飞行试验前、设计更改等）进行。安全性评审节点的设置见表 4－2。

表 4-2 安全性评审节点

评审节点	节点设置
按研制阶段划分	• 方案阶段 • 工程研制初样阶段 • 工程研制试样阶段 • 设计定型阶段
按产品层次划分	• 系统 • 分系统 • 设备或整机级
专题评审 （视情况开展）	• 地面试验前 • 导弹总装前 • 飞行试验前 • 设计更改

4.5.2 各评审点的评审重点

4.5.2.1 方案阶段

方案阶段安全性评审重点如下：

1）备查文件：型号安全性工作计划、方案阶段安全性分析报告（含危险源清单、初步危险分析表、安全性关键项目清单、安全性评价结果）；

2）系统安全性设计所采用的准则或技术规范的适用性；

3）针对型号将采用的新设计或实现新功能相关的危险所采用的安全措施，确认其是否满足规定的安全性要求；

4）系统安全性评价或安全风险评价：对型号方案阶段所有已判定的危险是否均已消除或有关的风险已控制在可接受水平做出明确的结论；

5）根据型号方案阶段安全性评价结果判定是否可转入工程研制初样阶段。

4.5.2.2 工程研制初样阶段

工程研制初样阶段安全性评审重点如下：

1）备查文件：工程研制初样阶段安全性分析报告（含系统危险分析表、使用和维修保障危险分析表、外协外购产品危险分析表、安全性关键项目清单、安全性设计准则检查表、安全性评价结果等）；

2）各危险分析表中提出的“安全性改进措施”在设计、试验等方面落实的情况及其结果；

3）外协、外购产品是否满足研制合同或任务书中规定的安全性要求；

4）对安全性关键软件、硬件、规程所采取的危险控制措施能满足规定安全性要求的验证结果进行确认；

5）对产品生产及其试验中的危险作业制定的安全措施能有效满足规定的技术安全要求的验证结果（定性）进行确认；

6）开展的各项安全性工作项目的进展情况及关键问题；

7）系统安全性评价或安全风险评价：对所有已判定的危险是否均已消除或有关的风险已控制在可接受水平做出明确的结论；

8）根据型号工程研制阶段初样安全性评价结果判定是否可转入工程研制试样阶段。

4.5.2.3　工程研制试样阶段

工程研制试样阶段安全性评审重点如下：

1）备查文件：工程研制试样阶段安全性分析报告（含系统危险分析表、使用和维修保障危险分析表、外协外购产品危险分析表、安全性关键项目清单、安全性设计准则检查表、安全性评价结果等）；

2）各危险分析表中提出的“安全性改进措施”在设计、试验等方面落实的情况及其结果；

3）外协、外购产品是否满足在研制合同或任务书中规定的安全性要求；

4）相对初样阶段更改部分的危险分析；

5）对安全性关键软件、硬件、规程所采取的危险控制措施能满足规定安全性要求的验证结果进行确认；

6）对工程研制试样阶段产品生产及其试验中的危险作业制定的安全措施能有效满足规定的技术安全要求的验证结果（定性）进行确认；

7）系统研制中所有与安全性相关的不合格、故障、偏离和事故报告的处理对系统安全性的影响；

8）开展各项安全性工作项目的进展情况及关键问题；

9）系统安全性评价或安全风险评价：对型号试样阶段所有已判定的危险是否均已消除或有关的风险已控制在可接受水平做出明确的结论；

10）根据型号工程研制阶段试样安全性评价结果判定是否可转入设计定型阶段。

4.5.2.4　设计定型阶段

设计定型阶段安全性评审重点如下：

1）备查文件：设计定型阶段安全性分析报告（含系统危险分析表、使用和维修保障危险分析表、安全性关键项目清单、安全性设计准则检查表、安全性评价结果等）、安全性专项试验报告等；

2）型号安全性是否达到武器系统研制总要求的有关规定；

3）型号的安全措施（包括使用和维修规程、因设计无法消除的Ⅰ、Ⅱ级危险而设置的安全装置、报警装置等）经过工程试验验证的结果；

4）设计定型阶段各项安全性工作中的关键问题说明；

5）将设计定型阶段安全性分析报告的结果作为型号设计定型的依据。

4.5.2.5　地面试验前

地面试验前安全性评审重点如下：

1）备查文件：地面试验安全性分析报告（含使用和维修保障危险分析表、系统危险分析表、地面试验安全性关键项目清单、安全性评价结果等)、安全操作规程、地面试验应急预案；

2）对参试产品及设施满足规定的安全性要求的验证结果进行确认；

3）对安全操作规程、现场应急预案和事故防范措施等满足规定的技术安全要求的结果进行确认；

4）试验前安全检查记录；

5）地面试验准备的安全措施落实情况；

6）根据试验安全性评价结果判定是否可以开展地面试验。

4.5.2.6　导弹总装前

导弹总装前安全性评审重点如下：

1）备查文件：导弹总装测试流程和导弹测试大纲、导弹总装危险源清单、使用和维修保障危险分析表、安全性关键项目清单、安全操作规程、应急预案等；

2）对安全操作规程、现场应急处置方案和事故防范措施等满足规定的技术安全要求的结果进行确认；

3）对现场的人员、设备、工装、设施、安全生产设备设施是否满足安全作业要求的检查结果进行确认，包括但不限于以下方面：

a）导弹总装用仪器、仪表和专用设备是否满足规定技术安全要求的检查结果；

b）导弹总装厂房、场地是否满足规定技术安全要求的检查结果；

c）导弹总装人员资格和安全教育情况是否满足安全作业要求的检查结果；

d）导弹总装现场是否有违章指挥、违章操作、违反劳动纪律的检查结果；

e）导弹总装现场采取的安全防护及应急措施的落实情况。

4）根据导弹总装安全性评价结果判定是否可以开展导弹总装的结论。

4.5.2.7　飞行试验前

1）备查文件：飞行试验安全性分析报告（含使用和维修保障危险分析表、系统危险分析表、地面试验安全性关键项目清单、安全性评价结果等）、安全操作规程、飞行试验应急预案；

2）对飞行试验相关安全设施和设备，包括必要的人员安全保障设备等有效满足规定的安全性要求的验证结果；

3）对参试产品及设施满足规定安全性要求的验证结果进行确认；

4）对安全操作规程、现场应急预案和事故防范措施等满足规定的技术安全要求的结果进行确认；

5）飞行试验准备的安全措施落实情况；

6）该次发射的安全风险状况（如系统异常、进场前评审遗留问题，天气、人员等状况的潜在影响分析等）；

7）试验前安全检查记录；

8）根据试验安全性评价结果判定是否可以开展飞行试验。

4.5.2.8　设计更改前

1）备查文件：设计更改相关产品的故障模式、影响及危害性分析（FME（C）A）报告，设计更改安全性分析报告（包括经过补充修正后的初步危险分析表、系统危险分析表、安全性关键项目设计措施检查表、使用和维修保障危险分析表、安全性评价结果）；

2）对所有补充修正后的“安全性改进措施”，在设计、试验等方面的落实情况及其结果进行确认；

3）针对型号安全性关键项目表中的安全性关键软件、硬件、规程所采取的危险控制措施，确认其有效满足规定的系统安全性要求的验证结果（定性或定量）；

4）系统安全性评价或安全风险评价（含残余风险的安全措施的评价结果）：对型号执行设计更改引入的危险是否均已消除或有关的风险已控制在可接受水平给出明确的结论；

5）根据安全性评价结果判定型号是否执行设计更改。

4.5.3　评审问题的闭环管理

对安全性评审表中不符合要求的检查项目，应说明存在的问题、提出改进建议，并记录在安全性评审结果记录表中，以便跟踪管理，从而保证安全性评审的有效性。安全性评审结果记录表的格式示例见表 4－3。

表 4－3　安全性评审结果记录表（示例）

第　　页·共　　页

评审项目名称			
研制阶段		主办单位	
评审地点		评审时间	

序号	存在问题	改进建议	计划改进日期	改进结果

设计	审核	质量会签	军代表	评审组长

4.6　危险跟踪与风险处置

承制方应建立专门的安全性信息系统，或利用故障报告、分析和纠正措施系统（FRACAS），对武器系统全寿命周期内所有阶段下的危险及其控制措施进行记录和跟踪。

应对每个危险从其最初识别到风险降低到可接受水平的全过程进行完整记录。单个危险记录项目至少应包括：

1）危险及其风险的说明；

2）危险的控制情况说明；

3）确定的残余风险；

4）订购方对风险接受的签字或其他认可方式，从而标志该危险的记录项目终结；

5）相关工作人员和组织机构。

4.7 安全性关键项目的确定与控制

应根据装备特点，制定具体的安全性关键项目判别准则，并通过技术方案、规范、安全性要求、历史经验教训等的分析来确定安全性关键项目。安全性关键项目的判别准则一般可参考以下几个方面。

1）发生失效、错误或性能降低，可能会导致严重后果（Ⅰ、Ⅱ级危险可能导致的后果）的产品。

2）含有危险物质（如毒性、腐蚀性、放射性等）或能量（如高温、高压、强电等）的产品。

3）控制或可能影响关键功能执行的软件：

a）导致后果严重的危险；

b）控制属于安全性关键项目的功能；

c）处理属于安全性关键项目的命令或数据；

d）对系统是否达到特定危险状态，进行检测、报告或采取纠正措施；

e）进行危险趋势分析或数据处理，且其结果直接用于安全性决策。

4）维修保障规程中因误操作而导致严重灾难性后果的操作步骤。

5）没有足够证据证明足够安全的产品。

6）通过风险评价确定的高风险产品。

一旦确定了安全性关键项目，就需要将其统一纳入安全性关键项目清单中。安全性关键项目清单示例见表4-4。

表4-4　安全性关键项目清单示例

系统（分系统）名称　导弹系统

研制阶段　××××阶段　　编号______

序号	代号	产品名称或功能	危险源	任务阶段	危险事件	严重性等级	可能性等级
1	××××	发动机（故障会导致严重安全性后果）	发动机空中熄火	发射	导弹跌落在发射阵地周围	Ⅰ	D
2	××××	战斗部（发生错误导致严重安全性后果）	战斗部提前引爆	飞行	战斗部引爆	Ⅰ	D
3	××××	复合固体推进剂（含有危险物质的产品）	含能燃料	作战使用	复合固体推进剂在静电激励下爆炸	Ⅰ	C
4	××××	弹上火工品（没有足够证据证明足够安全的产品）	弹上火工品	运输装填	弹上火工品随导弹意外跌落而发生爆炸	Ⅰ	C
5	××××	飞控软件（可能影响关键功能执行的软件）	装订错误	飞行	导弹飞偏	Ⅱ	D
…	……	……	……	……	……	……	……

编写		日期		校对		日期		审核		日期	

安全性关键项目清单所列项目是进行安全性设计与分析、安全性验证与评价的重要对象。应确定每一个安全性关键项目发生故障或导致危险的原因，确定并实施严格的控制措施。这些措施包括：

1）对所有安全性关键项目的设计、制造和试验文件作出标记，保证文件的可追溯性；

2）对安全性关键项目有关的职能机构（如器材审查组织、事故审查组织、技术状态管理部门、试验评审小组等）应有安全性方面的代表参加；

3）跟踪所有安全性关键项目的鉴定情况；

4）监视安全性关键项目的试验、装配、维修及使用问题。

需要注意的是，安全性关键项目清单的内容并非一成不变，其确定和控制是一个动态调整的过程。应通过评审确定是否需要对安全性关键项目清单及控制计划和方法进行更新，并评价安全性关键产品控制措施的有效性。

4.8 试验的安全

4.8.1 制定试验的安全性计划

应制定有关试验的安全性计划，以保证试验前和试验期间满足试验安全要求。在制定计划时应考虑的问题具体包括：

1）确定试验大纲中与安全性有关的进度关键点，在试验前结合试验条件（试验场所、试验环境、参试装备及其状态等）完成危险分析，确保危险分析包括参试设备及安装调试、检测仪器等细节；

2）对与试验有关的危险分析、风险评价以及对试验计划和规程等的审批程序进行规划；

3）承制方应确保产品满足特殊试验要求，并把特殊试验环境中可能存在的危险通知订购方；

4）与负责试验安全的人员进行协调与沟通，对受试产品的状态进行确认，确保对试验提出的安全要求得到了落实。

4.8.2　试验前的危险识别与控制

试验前，应按照所制定的试验安全性计划，结合试验条件（试验场所、试验环境、参试设备及其状态等），进一步识别试验中可能发生的危险。

对研制过程中和试验前识别的危险，均应采取措施消除或控制试验中Ⅰ级和Ⅱ级的危险，并列出所有可能的Ⅲ级和Ⅳ级危险。

试验前的危险识别详见本书第 5 章。

4.8.3　试验安全检查

4.8.3.1　安全检查管理

安全检查管理包括：

1）试验队应成立技术安全组（以下简称技安组），组长通常由专职技安员担任，成员为参试单位（分队）指定的专（兼）职技安员。技安组负责试验期间的各项安全检查工作；

2）试验队应根据试验安全性分析报告、试验作业活动内容，组织各参试单位（分队）开展试验危险源辨识和风险控制策划，作为开展安全检查的依据；

3）安全检查工作应坚持责任单位负责制，各参试单位应对本单位参试产品技术安全状态、人员管理和操作、技术安全环境保障条件、试验过程的安全负责。

4.8.3.2　安全检查流程

安全检查流程如图 4 - 1 所示。

图 4 - 1 中，各类安全检查时机及检查项目如下：

1）技术安全管理检查：进场前准备阶段进行，检查项目包括组织管理、职责、参试人员岗位管理、危险作业管理、劳动防护用品、综合管理；

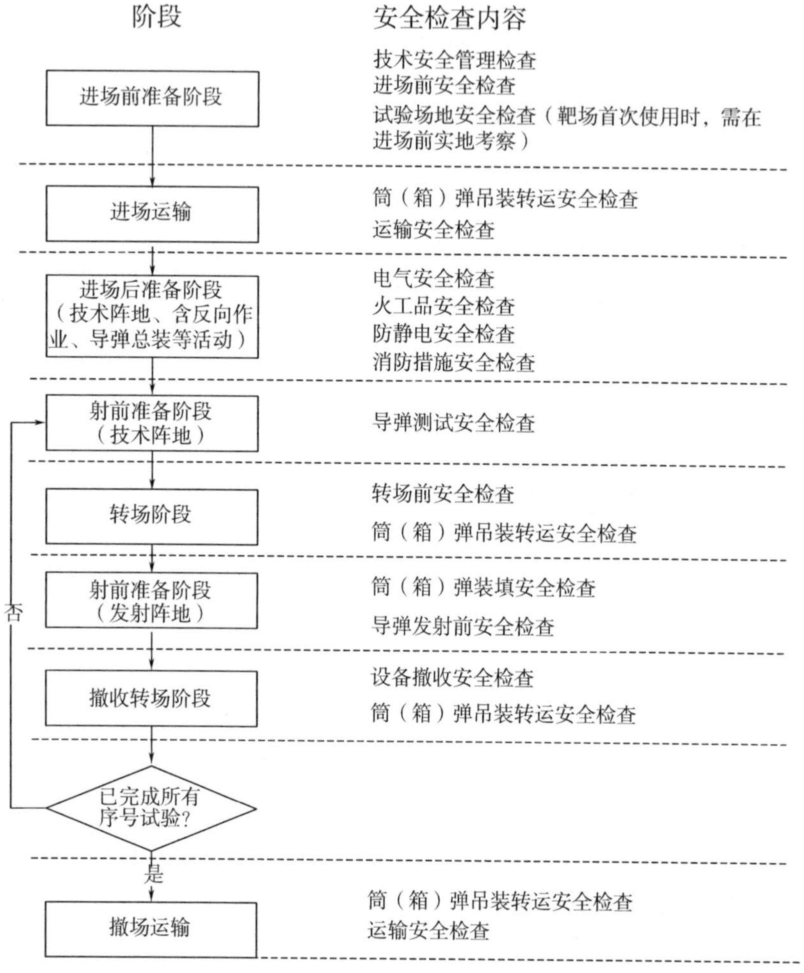

图 4－1　安全检查流程

2）进场前安全检查：进场前准备阶段进行，检查项目包括进场前安全性相关报告、安全培训、安全性评审、参试设备和工装、应急预案的制定（进场后根据实际情况完善应急预案并演练）；

3）试验场地安全检查：进场前准备阶段进行，分别在技术阵地和发射阵地开展，检查项目包括技术阵地、发射阵地和场区的安全设施和管理措施；若试验场所为初次使用，应对试验场所进行实地考察，对存在的问题或隐患提出整改建议；

4）进场运输安全检查：进场前、后和过程中进行，检查项目重点为筒（箱）弹起吊和搬运、筒（箱）弹固定、运输、装卸与安装；

5）电气安全检查：在技术阵地开展，检查项目包括场地防护、接地系统、供配电检查、电气照明、手持电动工具、移动式电气设备、爆炸危险场所、防雷电设施；

6）火工品安全检查：在技术阵地开展，检查项目包括基本要求、存放及保管、火工品检测设备、火工品测试、安装及检查；

7）防静电安全检查：在技术阵地开展，检查项目包括防静电工作区的范围确定、防静电措施、管理及教育；

8）消防措施安全检查：在技术阵地开展，检查项目包括固定消防设施、灭火器、灭火器维护与保养、配置类型选择、火灾报警专用设备；

9）导弹测试安全检查：在技术阵地开展，检查项目包括综合测试设备、测试环境、测试过程、导弹状态、软件版本；

10）转场前安全检查：转场阶段进行，检查项目包括装备检查、道路检查、火工品的包装、紧固和接地检查；

11）筒（箱）弹吊装转运安全检查：在技术阵地开展，检查项目包括现场组织、吊装指挥员、起重机司机、设备设施、操作、运输车、运输道路、运输车司机、转场运输；

12）筒（箱）弹装填安全检查：在发射阵地开展，检查项目包括现场组织、管理、运输装填装备、操作；

13）导弹发射前安全检查：在发射阵地开展，检查项目包括现场组织、参试设备对接调试、发射过程、软件装订的正确性；

14）设备撤收安全检查：在发射阵地开展，检查项目包括撤收顺序、电缆撤收、装备固定。

4.8.3.3　安全检查形式

安全检查形式包括：

1）岗位自检：由岗位人员进行的安全检查；

2）系统检查：由系统和分系统技术人员在技术安全分析的基础上对导弹系统或分系统进行的安全检查；

3）专业检查：由技术安全组对试验场地、试验设备、设施、仪器、工装等是否符合有关安全标准所进行的安全检查。

4.8.3.4 安全检查细则

（1）技术安全管理检查细则

技术安全管理检查的项目、检查内容与要求、检查形式见表4－5。

表4－5 技术安全管理检查细则

序号	检查项目	检查内容与要求	检查形式		
			岗位自检	系统检查	专业检查
1.00	组织管理	1）组成试验队，试验队长为安全第一负责人	—	—	☆
		2）试验队成立技安组，由专、兼技安人员组成	—	—	☆
		3）进场后，试验队与靶场共同组成技术安全领导小组，领导发射期间的技术安全工作	—	—	☆
		4）在技术安全领导小组的具体领导下成立技术安全联合小组，负责技术安全管理工作	—	—	☆
2.00	职责				
2.01	试验队队长（副队长）的技术安全职责	1）对试验全过程技术安全工作负全责	☆	—	☆
		2）组织制定和落实技术安全工作计划	☆	—	☆
		3）落实各级人员安全责任，组织开展技术安全评审	☆	—	☆
		4）试验前组织试验现场全面安全检查，进场后对参试人员进行技术安全教育	☆	—	☆
		5）对试验期间发现的技安问题和隐患应及时作出处理决定，并监督隐患整改和技术安全保证措施的落实；组织工伤事故的调查、分析、处理及上报工作	☆	—	☆

续表

序号	检查项目	检查内容与要求	检查形式		
			岗位自检	系统检查	专业检查
2.02	专职技安员的技术安全职责	1）制定试验队技术安全工作计划，宣贯试验队技术安全管理规章制度和技术安全操作规程或细则，并监督检查执行情况	☆	—	—
		2）参与危险源辨识、风险控制策划及技术安全、危险作业和应急预案评审	☆	—	—
		3）组织开展参试队员的技术安全教育培训	☆	—	—
		4）组织开展安全监督检查，纠正“三违”行为（违章指挥、违章作业和违反劳动纪律的行为），督促有关责任单位及时整改隐患和问题	☆	—	—
		5）协助开展安全宣传工作，及时上报试验队技术安全管理工作信息	☆	—	—
		6）参与试验期间安全事故的调查和处理	☆	—	—
		7）发现危及试验安全的紧急情况，有权停止现场试验工作，并立即向试验队领导或现场指挥报告	☆	—	—
2.03	兼职技安员的技术安全职责	1）检查个人防护用品正确使用及设备和仪器的完好状态	☆	☆	☆
		2）检查电源、气源和水源等是否处于良好状态；每日工作结束后，检查电、气和水源的开关及门窗	☆	☆	☆
		3）每日负责填写安全工作记录（含安全制度执行情况、现场检查情况、遵章守纪及各项事件记录）	☆	☆	☆
		4）发现危及试验安全的紧急情况，有权制止操作，并立即向技安组和试验队领导报告	☆	☆	☆
		5）按照试验队技术安全工作要求，落实参试单位（分队）安全责任制和技术安全管理工作	☆	☆	☆

续表

序号	检查项目	检查内容与要求	检查形式		
			岗位自检	系统检查	专业检查
2.04	试验计划调度人员的技术安全职责	1）对试验技术安全负有计划、协调责任，应本着“安全第一”的原则安排试验期间的工作	☆	—	☆
		2）在布置或安排危险性较大的试验时，应将制定技术安全保证措施的工作列入试验实施前的计划	☆	—	☆
		3）及时协调有关单位落实应急资源和安全问题及隐患的整改	☆	—	☆
		4）安排试验进度时，应确保在安全检查通过后方可转入下一环节工作	☆	—	☆
2.05	参试人员的技术安全职责	1）对本岗位技术安全负直接责任，严格遵守试验队技术安全管理规章制度和岗位安全操作规程或细则，杜绝“三违”行为	☆	☆	☆
		2）自觉接受技术安全教育，树立正确的安全意识，认真履行本岗位职责，不离岗、串岗；熟悉本岗位的危险有害因素和风险控制措施，正确穿戴劳动防护用品	☆	☆	☆
		3）试验工作前和结束后要进行安全检查，发现问题立即报告	☆	☆	☆
		4）经常开展事故预想活动，发现危及试验安全的问题，立即向技安组和试验队领导报告	☆	☆	☆
3.00	参试人员岗位管理	1）试验队应明确参试人员的岗位，关键岗位设双岗	☆	☆	☆
		2）特种作业人员应取得国家统一格式的特种作业人员证书，并应在有效期内	☆	☆	☆
4.00	危险作业管理				

续表

序号	检查项目	检查内容与要求	检查形式		
			岗位自检	系统检查	专业检查
4.01	范围	1）火工品作业	☆	☆	☆
		2）推进剂加注作业	☆	☆	☆
		3）高压气体加注作业	☆	☆	☆
		4）低温作业	☆	☆	☆
		5）高处作业	☆	☆	☆
		6）吊装作业	☆	☆	☆
		7）反向作业	☆	☆	☆
		8）特种作业	☆	☆	☆
		9）临时作业	☆	☆	☆
4.02	作业现场[a]	1）严格制定现场定岗、定员、定量规定	☆	☆	☆
		2）应设隔离防护设施并挂警告标志牌	☆	☆	☆
		3）操作人员应有严格的安全防护措施和具体安全保障措施	☆	☆	☆
		4）火工品操作人员严禁佩戴金属饰品以及手机、打火机和其他金属物品进入工作区	☆	☆	☆
		5）作业前应释放人体静电	☆	☆	☆
		6）工作中使用的化学危险品不应在工作区隔夜存放	☆	☆	☆
		7）液体推进剂加注应符合 QJ 3080 的规定	☆	☆	☆
		8）液氮、干冰等低温作业应采取相应的防护措施	☆	☆	☆
		9）危险作业现场技术安全的规章制度和文件应齐全	☆	☆	☆
4.03	作业工位[b]	1）严格实施“三定”（定岗、定员、定量）管理；	☆	☆	☆
		2）无关人员不应在划定的工位区域内停留；	☆	☆	☆
		3）必要时应设隔离防护设施并悬挂警告标志牌	☆	☆	☆
5.00	劳动防护用品	1）严格实施“三定”（定岗、定员、定量）管理	☆	☆	☆
		2）无关人员不应在划定的工位区域内停留	☆	☆	☆
		3）必要时应设隔离防护设施并悬挂警告标志牌	☆	☆	☆

续表

序号	检查项目	检查内容与要求	检查形式		
			岗位自检	系统检查	专业检查
6.00	综合管理				
6.01		开展安全宣传活动，营造安全、和谐氛围	☆	☆	☆
6.02		试验结束后，试验队有技术安全工作总结或小结，落实奖惩措施	☆	☆	☆
6.03		组织开展事故预想活动和制定事故应急预案，落实应急救援机构和人员，配备应急物资和器材	☆	☆	☆
6.04		按规定做好安全事故的报告、调查和处理	☆	☆	☆
6.05	建立技术安全管理制度	1）靶场试验安全管理制度	—	—	☆
		2）产品技术安全和测试操作安全规定	—	—	☆
		3）危险品操作规定	—	—	☆
		4）试验设施与设备操作安全规定	—	—	☆
		5）事故处理规定	—	—	☆
		6）试验应急处理预案	—	—	☆

注：☆——必检项目；

———不检项目；

[a]作业现场——技术阵地或发射阵地提供用于危险作业操作的场所，包括厂房、库房、露天场地等；

[b]作业工位——作业现场划定的专门区域。

(2) 进场前安全检查细则

进场前安全检查的项目、检查内容与要求、检查形式见表4-6。

表4-6 进场前安全检查细则

序号	检查项目	检查内容与要求	检查形式		
			岗位自检	系统检查	专业检查
1.00	进场前安全性相关报告				

续表

序号	检查项目	检查内容与要求	检查形式		
			岗位自检	系统检查	专业检查
1.01	编制《试验安全性分析报告》	1）开展试验危险源辨识（包括对试验设备、仪器的危险分析和对试验场所与试验环境的危险分析）、风险评价等安全性分析	☆	☆	☆
		2）主要内容包括：			
		a）引用文件	—	☆	☆
		b）危险源辨识及防范措施	—	☆	☆
		c）安全性风险评价	—	☆	☆
		d）安全措施及落实情况	—	☆	☆
		e）管理制度和组织	—	☆	☆
		f）文件和操作程序	—	☆	☆
		g）结论及建议	—	☆	☆
1.02	制定《试验安全应急处理预案》	1）按照 QJ 3165 的规定，开展危险源辨识，认定应编制事故应急预案的重大危险源	—	☆	☆
		2）针对严重性等级为Ⅰ级或Ⅱ级且可能性等级为D级以上的危险，组织编制详细的应急预案	—	☆	☆
		3）主要内容包括：			
		a）应急处理所涉及的项目内容	—	☆	☆
		b）应急处理实施的详细步骤及流程图	—	☆	☆
		c）应急处理的资源保障	—	☆	☆
		d）应急处理的注意事项	—	☆	☆
2.00	安全培训				
2.01		对进场人员进行安全教育或培训，使不同岗位人员明确相应的技术安全职责与要求，掌握相应的安全知识和技能	—	☆	☆
2.02		编制受试产品和参试设备的技术安全操作规程，并按照操作规程对操作人员进行培训	☆	☆	☆

续表

序号	检查项目	检查内容与要求	检查形式		
			岗位自检	系统检查	专业检查
3.00	安全性评审	对《××试验安全性分析报告》《××试验安全应急处理预案》以及安全规程、使用规程、试验规程等文件进行评审	—	☆	☆
4.00	参试设备和工装	参试单位应对携带进场的试验设备、仪器和工装等进行技术安全检查，确保其符合试验安全要求	☆	☆	☆
5.00	应急预案演练	在试验前进行应急预案的演练	☆	☆	☆

(3) 试验场地安全检查细则

试验场地安全检查的项目、检查内容与要求、检查形式见表4-7。

表 4-7 试验场地安全检查细则

序号	检查项目	检查内容与要求	检查形式		
			岗位自检	系统检查	专业检查
1.00	技术阵地				
1.01	总装测试厂房	1) 有良好的接地网，接地电阻应满足测试要求，应有防静电、防雷电措施和消防设备	—	☆	☆
		2) 测控间和单元测试间的交流电源零线应与信号地线隔开	—	☆	☆
		3) 总装间应有防爆、泄爆措施，并且总装间与测控间应有隔爆墙分开	—	☆	☆
1.02	危险品库房	1) 危险品库房与总装厂房的距离应在 50 m 以上，并远离生活区、工作区	—	☆	☆
		2) 库房内应有防爆、隔爆、防火、防静电和防雷电措施	—	☆	☆

续表

序号	检查项目	检查内容与要求	检查形式		
			岗位自检	系统检查	专业检查
1.02	危险品库房	3）应有防静电设备或工具	—	☆	☆
		4）应保持清洁、干燥，窗户应有窗帘避光	—	☆	☆
		5）库房内不允许使用电焊机、电烙铁、手电钻和手机	—	☆	☆
		6）库房内应用防爆灯照明	—	☆	☆
		7）安全通道宽度不小于 1 m	—	☆	☆
1.03	筒（箱）弹库房	1）筒（箱）弹应放在宽敞、平坦、干燥的专用库房，库房内应留有一定的通道，并备有消防设备	—	☆	☆
		2）筒（箱）弹库房内不允许存放其他火工品或易燃、易爆物品	—	☆	☆
2.00	发射阵地和场区				
2.01		发射阵地应选择在不易受到洪水、大风等恶劣自然环境影响的安全区域	—	☆	☆
2.02		发射阵地应设有防静电、防辐射、防雷电以及防爆、防燃等安全防护措施，有人值守的标校设备应采取电磁防护措施	—	☆	☆
2.03		发射阵地应有消防设施，地面电缆应采取防护措施避免由于导弹发射时火焰引起的损坏或事故	—	☆	☆
2.04		发射阵地周围 200 m 内不允许存放导弹或其他火工品	—	☆	☆
2.05		有人值守的方舱、操作间等应在安全区并满足导弹发射时的安全要求，一般在射向的后方或侧方，或具备安全防护措施	—	☆	☆
2.06		试验航区的纵深和宽度应满足导弹的最大射程和最大航路捷径要求，明确试验安全区	—	☆	☆

续表

序号	检查项目	检查内容与要求	检查形式		
			岗位自检	系统检查	专业检查
2.07		将试验区域划分为禁区、危险区、安全区，设置安全自毁系统，确保导弹和靶标不落入安全区。	—	☆	☆
2.08		安全警示标志的设置应清晰、显著	—	☆	☆
2.09		导弹安全自毁系统的判据应满足发射阵地安全要求	—	☆	☆
2.10		试验期间，发射阵地应设置安全区，靶试空域内无其他飞行器，禁止无关人员及车辆进入阵地	—	☆	☆
2.11		试验期间，除阵地操作人员及车辆外，其余参试人员及车辆应在安全区内；航控点、搜索分队及残骸分析人员观察点的设置应确保安全	—	☆	☆
2.12		梯、台连接处强度应符合要求，并可靠触地，符合 QJ 2891A－2004《航天产品专用工作梯、台的安全的要求》	—	☆	☆
2.13	舰面安全检查	1）对舰上人员的人身安全防护应有具体措施（机械转动、强电、强光、电磁辐射、导弹发射安全防护、人员不慎落海的救护等）并作出可实施方案	—	☆	☆
		2）载舰的安全控制措施检查，如载舰防雷电设施、弹库接地设施、防火设施等	—	☆	☆

（4）进场运输安全检查细则

进场运输安全检查的项目、检查内容与要求、检查形式见表4－8。

表 4－8　进场运输安全检查细则

序号	检查项目	检查内容与要求	检查形式		
			岗位自检	系统检查	专业检查
1.00	筒（箱）弹起吊和搬运				

续表

序号	检查项目	检查内容与要求	检查形式		
			岗位自检	系统检查	专业检查
1.01		起重司机和吊装指挥人员应持证上岗	☆	—	☆
1.02		吊具与导弹连接后，指挥人员应对吊具连接情况做最后一次检查，确认连接正确后方可指挥起吊	☆	☆	☆
1.03		起吊的总载荷不应超过吊装设备和吊具的额定载荷	☆	☆	—
1.04		单钩起吊时，被吊设备或导弹质心应处于吊点下方	☆	☆	—
1.05		当导弹吊离支撑物不大于100 mm时，指挥员应发出“停止”信号，在确认导弹起吊状态正常、起重机制动性能良好后再继续起吊	☆	☆	—
1.06		导弹吊装过程中超过手扶高度1.8 m，应先系牵引绳控制方向，防止晃动；操作员与导弹应有不小于1 m的安全距离	☆	☆	—
1.07		设备、导弹起吊后，禁止人员在其下面通过或停留	☆	☆	☆
1.08		在吊装过程中，应有防挤压、划伤、磕碰、防晃的措施	☆	☆	☆
1.09		装卸导弹时，导弹吊点应对准起吊标志，导弹严禁碰撞、跌落	☆	☆	☆
1.10		装卸导弹时，导弹接近或脱离支撑物时，吊车速度应减至最小，并防止冲击	☆	☆	☆
1.11		产品或箱体装卸时不应受潮，不允许在室外雷雨天气下进行，当风速大于10 m/s，应停止吊装工作	☆	☆	—
1.12		导弹装卸速度要求应满足GJB 1303－1991《导弹吊装安全规程》的规定			
		1）一般吊装速度：升降速度不大于8 m/min，运行速度不大于6 m/min，回转速度不大于1 r/min	☆	☆	—
		2）微动速度：升降速度不大于1 m/min，运行速度不大于2 m/min，回转速度不大于0.1 r/min	☆	☆	—

续表

序号	检查项目	检查内容与要求	检查形式		
			岗位自检	系统检查	专业检查
1.13		产品接地、防静电、防爆和隔爆应符合有关技术文件的要求	☆	☆	☆
2.00	筒（箱）弹固定				
2.01		筒（箱）弹在载车上的排放、朝向和固紧应符合有关技术文件的要求	☆	☆	☆
2.02		箱体应有醒目的安全标志	☆	☆	☆
2.03		包装箱应具备屏蔽、防爆功能，装箱应按照 QJ 3198－2004《航天火工装置安全技术要求》的规定	☆	☆	☆
2.04		装卸平台与车体用锁紧装置锁紧	☆	☆	☆
3.00	运输				
3.01		铁路运输和空中运输按专用技术条件规定执行	☆	☆	—
3.02		通过轮船、飞机等交通工具运输产品和仪器设备时，应按照物品装卸和运输的安全注意事项进行操作	☆	☆	—
3.03		铁路运输时，运输过程中应有保卫人员和专业人员押运，定时检查连接情况，及时处理异常情况	☆	☆	—
3.04		装载导弹的铁路车厢应与装载易燃、易爆、危险品的车厢隔离	☆	☆	☆
4.00	装卸与安装				
4.01		试验组织部门在专列装卸前制定专列装卸方案	☆	☆	—
4.02		各参试单位应有专（兼）职技安员负责现场安全监管	☆	☆	—
4.03		按技术条件规定进行设备的装卸与安装	☆	☆	—

(5) 电气安全检查细则

电气安全检查的项目、检查内容与要求、检查形式见表 4-9。

表 4-9　电气安全检查细则

序号	检查项目	检查内容与要求	检查形式		
			岗位自检	系统检查	专业检查
1.00	场地防护				
1.01		划定产品总装测试作业区域，出入口应设置消除人体静电的装置	—	☆	☆
1.02		设备的电源线不应裸露，电气绝缘、保护套管及其埋设等应符合规定的安全要求	—	☆	☆
1.03		各种测试电缆摆放整齐，符合技术要求；人员经常通过的地方应采取电缆沟等防止踩踏的措施	—	☆	☆
1.04		潮湿场所的电气设备应采用密闭防潮型	—	☆	☆
1.05		室外电气装置应有防雨设施	—	☆	☆
2.00	接地系统				
2.01		应有以下接地系统：			
		1) 雷电保护接地系统	—	☆	☆
		2) 设备故障保护接地系统	—	☆	☆
		3) 信号参考接地系统	—	☆	☆
		4) 大地电极系统	—	☆	☆
2.02		电气设备金属外壳及金属结构应有可靠的接地（零）	—	☆	☆
2.03		每年雨季前应根据情况对防雷装置进行一次检查并有记录，测量接地电阻应满足有关技术要求	—	☆	☆
2.04		对于要求高的小信号精密试验电子设备测试场所，接地装置设置与接地电阻阻值应满足有关技术要求	—	☆	☆
2.05		技术阵地测试厂房应设置满足有关技术要求的接地装置	—	☆	☆
2.06		精密电子设备、敏感电子设备之间的通信和数据电缆等应良好接地	—	☆	☆

续表

序号	检查项目	检查内容与要求	检查形式		
			岗位自检	系统检查	专业检查
2.07		电子设备接地时，其故障保护接地不应对信号参考接地系统造成干扰	—	☆	☆
2.08		以下设备应接故障保护地：			
		1）故障情况下可能带有危险电压的电器设备的金属外壳、框架和金属构件	☆	☆	☆
		2）起重机械的轨道	☆	☆	☆
		3）配电箱、控制柜、开关设备、操作台的金属框架和金属件	☆	☆	☆
		4）金属导线管等	☆	☆	☆
		5）小型电动工具外壳金属部分	☆	☆	☆
3.00	供配电检查				
3.01		各种稳压电源装置应检定合格，并在有效期内持证使用；专用设备应按技术文件检查合格	—	☆	☆
3.02		产品测试用电与设施动力用电（如吊车等）应由两台变压器分别供电；测试用电输送电源线与动力用电输送电源线不在同一个电线管内，应分别设置	—	☆	☆
3.03		各种开关、断路器、保险丝等与产品各系统测试用电荷相匹配，通断准确、灵活、可靠	—	☆	☆
3.04		各种电气仪表指示清晰、正确，并在校验期内	—	☆	☆
3.05		各种配电柜、配电箱外壳接地（或零）良好	—	☆	☆
3.06		测试用电布线应为五线制，零线与保护接地（PE线）分开；正常工作时保护接地（PE线）一般无电流	—	☆	☆
4.00	电气照明			☆	☆
4.01		一般照明和局部照明固定安装的灯具，其对地电压为 220 V，事故照明电压为 220 V	—	☆	☆

续表

序号	检查项目	检查内容与要求	检查形式		
			岗位自检	系统检查	专业检查
4.02		灯具应与环境特性相适应，安装高度应不低于 2.5 m	—	☆	☆
4.03		局部照明和移动照明应采用 36 V 或 12 V 电压，其中在金属容器、坑道内的恶劣工作环境应采用 12 V 安全电压	—	☆	☆
4.04		导弹操作所用照明，应使用充电电池（或干电池）防爆型应急灯（或手电）	—	☆	☆
4.05		总装厂房内混合照明，其照度不低于 500 lx，混合照明中的一般照度应不低于 50 lx，应急照明应不低于 50 lx	—	☆	☆
4.06		产品精密装配工作间混合照明，其照度应不低于 100 lx，混合照明中的一般照度应不低于 75 lx	—	☆	☆
4.07		测试间混合照明，其照度应不低于 500 lx，混合照明中的一般照度不低于 50 lx	—	☆	☆
5.00	手持电动工具				
5.01		手持电动工具的管理、使用和维修应符合 GB/T 3787－2006《手持式电动工具的管理、使用、检查和维修安全技术规程》的要求	—	☆	☆
5.02		外壳及手柄无裂纹或破损	—	☆	☆
5.03		电源线使用带护套的软线	—	☆	☆
5.04		具有漏电保护和短路保护功能	—	☆	☆
5.05		在有腐蚀、潮湿、高温的场所应采取相应的安全措施	—	☆	☆
5.06		插头应符合安全要求，完好无损	—	☆	☆
5.07		开关动作正常、灵活，完好无损	—	☆	☆
5.08		绝缘电阻满足 GB 3883《手持式电动工具的安全》的要求	—	☆	☆

续表

序号	检查项目	检查内容与要求	检查形式		
			岗位自检	系统检查	专业检查
5.09		定期进行绝缘电阻检查，有测量记录，未超期使用	—	☆	☆
6.00	移动式电气设备				
6.01		电气部分绝缘电阻应小于 1 MΩ，要有定期测量记录，未超期使用	—	☆	☆
6.02		电源线为护套软线	—	☆	☆
6.03		保护接地（零）线连接正确、牢固	—	☆	☆
6.04		开关正常、灵活、无损	—	☆	☆
6.05		机械防护装置完好	—	☆	☆
6.06		使用过程中具有有效的漏电防护措施（如安装漏电保护器等）	—	☆	☆
7.00	爆炸危险场所				
7.01		易燃易爆场所的电气装置及安装应符合 GB 50058－1992《爆炸和火灾危险环境电力装置设计规范》、GB 50257－1996《电气装置安装工程爆炸和火灾危险环境电气装置施工及验收规范》的要求	—	☆	☆
7.02		应采用防爆型电气设备和照明设备；照明灯上应有防护玻璃或防护罩	—	☆	☆
7.03		爆炸危险场所的电气线路应符合以下要求			
		1）电气线路应在爆炸危险性较小的环境中敷设	—	☆	☆
		2）敷设的电气线路应避开可能受到的机械损伤、振动、腐蚀以及受热的地方；当不能避开时，应采取措施	—	☆	☆
		3）防爆电气设备、接线盒的进线口，引入电缆后的密封性应符合有关技术规定的要求	—	☆	☆

续表

序号	检查项目	检查内容与要求	检查形式		
			岗位自检	系统检查	专业检查
7.04		不应利用输送爆炸危险物质的管道代替接地线（接地装置）	—	☆	☆
7.05		爆炸危险环境中的接地干线通过与其他环境共用的隔墙或楼板时，应采用钢管保护，并应按规定做好隔离密封	—	☆	☆
8.00	防雷电设施				
8.01		避雷针（带、网、线）的接地应符合 GB 50169－2006《电气装置安装工程接地装置施工及验收规范》的要求	—	☆	☆
8.02		厂房位置应处在装设的独立避雷针、架空避雷线或架空避雷网的接闪器的保护范围之内，接地装置应独立设置，接地电阻满足有关技术要求	—	☆	☆
8.03		接地装置距建筑物出入口和人行道的距离不小于 3 m	—	☆	☆
8.04		接闪器、引下线及接地体完好，避雷针设置高度满足防直击雷的安全要求	—	☆	☆

(6) 火工品安全检查细则

火工品安全检查的项目、检查内容与要求、检查形式见表4－10。

表 4－10 火工品安全检查细则

序号	检查项目	检查内容与要求	检查形式		
			岗位自检	系统检查	专业检查
1.00	基本要求				

续表

序号	检查项目	检查内容与要求	检查形式		
			岗位自检	系统检查	专业检查
1.01	人员	1）从事与火工品有关的工作人员，应经过安全教育和安全技术培训	☆	☆	☆
		2）操作人员应掌握本岗位的安全规程、工艺要求、作业规范、应急措施及相关的专业知识，经考核后持证上岗	☆	☆	☆
		3）操作人员作业时应严格执行工艺规程、测试细则、安全技术操作规程，并遵守安全管理制度	☆	☆	☆
		4）操作人员应按要求着装，穿戴防静电工作服、工作帽、手套与鞋，并在操作前检查防静电腕带，应保持接地良好	☆	☆	☆
		5）禁止在防静电工作服上附加或佩带任何金属物体	☆	☆	☆
		6）各类人员进入火工品试验现场或存放区应先释放人体静电	☆	☆	☆
1.02	设备	1）用于火工品测试的所有电气、机械设备和工作台应有静电泄放接地装置，该装置不应与避雷保护接地装置连接在一起，两种装置的距离应大于 3 m，静电泄放接地装置的接地电阻满足有关技术要求	☆	☆	☆
		2）火工品测试所用的电气设备，应具备断电保护或其他应急措施	☆	☆	☆
		3）火工品的电阻测试应使用专用的测试仪器，测量电流应小于 30 mA	☆	☆	☆
		4）测量引线与测量仪表间应连接牢靠，测量线之间应有良好的绝缘性	☆	☆	☆
		5）防静电腕带应与人体接触良好，二者之间的接触电阻阻值应为 $10^4 \sim 10^6\ \Omega$，腕带应有防脱落措施	☆	☆	☆
		6）所有防静电设施以及防静电腕带应定期进行检测，合格后方可使用	☆	☆	☆

续表

序号	检查项目	检查内容与要求	检查形式		
			岗位自检	系统检查	专业检查
1.02	设备	7）防静电工作台的表面应采用静电耗散材料制作，并有良好的接地，台面与地线间的电阻值为 $10^6 \sim 10^9\ \Omega$	☆	☆	☆
		8）所有测试火工品的仪器设备、仪表应在检定的有效期内使用	☆	☆	☆
1.03	环境	1）火工装置测试区内严禁烟火，消防设施应齐全、有效	—	☆	☆
		2）应采取有效的避雷安全措施	—	☆	☆
		3）测试厂房内应具有明显的警示标志	—	☆	☆
		4）火工品测试时应定岗、定员，无关人员禁止进入作业区域内	—	☆	☆
		5）应有能消除人体静电的接地措施	—	☆	☆
2.00	存放及保管				
2.01	库房要求	1）火工品库房应采用轻质屋顶，以泄放发生意外时的能量	—	☆	☆
		2）库房内应有良好的通风和防潮设施，保持清洁干燥	—	☆	☆
		3）库房应有不小于 1 m 的安全通道	—	☆	☆
		4）库房内应配备适当种类和数量的灭火器材，消防设施完好	—	☆	☆
		5）库房应有有效的防雷击设施，有暴雨和雷电时，人员不应进入库房	—	☆	☆
		6）库房内应配备无射频危险的报警装置	—	☆	☆
		7）库房应做到专人保管，帐物相符	—	☆	☆
		8）库房内不应存放酸、碱性腐蚀物质及其他无关的易燃、易爆物品	—	☆	☆

续表

序号	检查项目	检查内容与要求	检查形式		
			岗位自检	系统检查	专业检查
2.02	存放要求	1）不应露天存放产品	—	☆	☆
		2）火工品应在包装状态下贮存，库房内不同危险等级的火工品应分别贮存在专用库房内或专用屏蔽室内，并标识清楚	—	☆	☆
		3）失效的火工品应及时处理	—	☆	☆
3.00	火工品检测设备	1）检测设备的凸出部分、棱边、棱角及操作时经常接触的部位应采取防护措施，以免对人体造成伤害	☆	☆	☆
		2）检测设备应配备测试盒，其强度需达到测试的要求，防止火工品意外起爆	☆	☆	☆
		3）检测电路应有安全保护措施、危险安全状态指示系统和防差错措施	☆	☆	☆
		4）检测设备的前冲、后冲效应不应对火工品的测试安全造成影响	☆	☆	☆
4.00	火工品测试				
4.01		操作人员应严格按测试文件进行操作	☆	☆	—
4.02		火工品电路测试时，周围不应有产生电磁场的仪器、设备工作，并暂停其他作业	☆	☆	—
4.03		火工品电测数据异常时，应暂停测试工作，待查明原因并排除故障后，方可继续进行	☆	☆	—
4.04		对安装有火工品的导弹进行测试时，导弹和操作人员应分别位于防爆设施两侧的安全位置	☆	☆	—
4.05		测试导弹火工品起爆线路时应执行有关火工品检测的专用技术文件，火工品应处于保险状态，如果没有特殊设计的安全保险，火工品应短路	☆	☆	—

续表

序号	检查项目	检查内容与要求	检查形式		
			岗位自检	系统检查	专业检查
4.06		火工品测试时，不允许对导弹进行其他操作	☆	☆	—
4.07		检测火工品时候，应采取以下安全防护措施			
		1）严格限制火工测试仪器的安全电流应小于30 mA	☆	☆	—
		2）防爆间和测试设备机壳应良好接地、消除静电	☆	☆	—
		3）应隔离操作	☆	☆	—
		4）测试人员应确保防静电着装	☆	☆	—
5.00	安装及检查				
5.01		在向弹上安装火工品之前，应将导弹停放在接地的导电橡胶地板上	☆	☆	—
5.02		火工品装弹前，应检查其单元检测记录	☆	☆	—
5.03		在安装火工品的操作过程中，弹上各系统不应加电，引爆线路的保险装置均应处于保险状态	☆	☆	—
5.04		在弹上安装火工品的操作人员，应穿戴好防静电服和防静电腕带，并触摸导电设备	☆	☆	—
5.05		在火工品装弹后进行发火电路导通检查时，只许用规定的火工品阻值测试仪；与导通操作无关人员应撤离现场	☆	☆	—
5.06		在火工品装弹过程中，不应在弹上施行敲打、切割等作业	☆	☆	—

（7）防静电安全检查细则

防静电安全检查的项目、检查内容与要求、检查形式见表4－11。

表 4－11 防静电安全检查细则

序号	检查项目	检查内容与要求	检查形式		
			岗位自检	系统检查	专业检查
1.00	防静电工作区的范围确定	试验期间，在以下场地工作的人员应采取防静电措施：			
		1）总装测试厂房	☆	☆	—
		2）易燃易爆物品生产运输、使用和贮存场所	☆	☆	—
		3）发射阵地上的地面作战装备	☆	☆	—
		4）与舰空导弹有接口的舰面设备	☆	☆	—
2.00	防静电措施				
2.01	基本要求	1）防静电工作区内所有金属导体、仪器设备、防静电装备、人员应接地，按 GJB 3007A－2009《防静电工作区技术要求》制定各项防静电措施	☆	☆	—
		2）依靠接地措施无法消除设备、工具（夹具）和各种操作产生的静电时，使用电离系统提供静电中和或采取静电屏蔽、隔离措施	☆	☆	—
		3）直接接触或间接接触的静电放电敏感产品的操作应在防静电工作区内进行	☆	☆	—
		4）对于无接地系统的临时防静电工作区，可使用接地桩等形式做防静电接地	☆	☆	—
		5）对于无法设置防静电接地的临时防静电工作区，在操作人员、工作面（垫）、操作工具等能接触到静电放电敏感产品的所有物体之间采取等电位平衡等措施	☆	☆	—
2.02	环境条件	1）温度和湿度：温度和湿度满足型号的使用要求	☆	☆	—
		2）洁净度：一般防静电工作区内的空气含尘浓度应符合 GB 50174－2008《电子信息系统机房设计规范》的要求	—	☆	☆

续表

序号	检查项目	检查内容与要求	检查形式		
			岗位自检	系统检查	专业检查
2.02	环境条件	3）电磁场：一般防静电工作区内的电磁场强度应符合 GB 50174－2008《电子信息系统机房设计规范》的要求	—	☆	☆
2.03	参试人员	1）从事有防静电要求的作业人员，应穿戴防静电帽、工作服、鞋和防静电腕带	☆	☆	—
		2）进入工作区应触摸接地设备，释放人体静电	☆	☆	—
		3）在工作区不做穿、脱衣服或其他易产生静电的活动	☆	☆	—
3.00	管理及教育	1）各分系统有适用的防静电管理规定	☆	☆	☆
		2）防静电设施、装置及用品等有专人负责定期检查、维护	☆	☆	☆
		3）与防静电有关的作业人员进场后进行一次防静电培训	☆	☆	☆

（8）消防措施安全检查细则

消防措施安全检查的项目、检查内容与要求、检查形式见表4－12。

表 4－12　消防措施安全检查细则

序号	检查项目	检查内容与要求	检查形式		
			岗位自检	系统检查	专业检查
1.00	固定消防设施				
1.01		试验场所附近、测试工作间、库房应有固定消防设施，并符合 GB 50016－2006《建筑设计防火规范》的规定	☆	☆	☆

续表

序号	检查项目	检查内容与要求	检查形式		
			岗位自检	系统检查	专业检查
1.02		发射阵地应有专用消防给水设施	☆	☆	☆
1.03		消防设备、设施应定期检查，保证完整有效	☆	☆	☆
1.04		消防水源应可靠供应	☆	☆	☆
1.05		消防通道畅通	☆	☆	☆
1.06		安全出口应有明显标志	☆	☆	☆
2.00	灭火器				
2.01		有火灾危险的场所，如测试间、电源间、危险品库房等，应配置相应性能有效的灭火器	☆	☆	☆
2.02		配置数量至少应满足：			
		1）每个测试间不少于两具	☆	☆	☆
		2）一个灭火器放置点的灭火器数量不宜多于五具	☆	☆	☆
2.03		灭火器设置应满足下列要求			
		1）设置在明显地点，必要时应设指示标志	☆	☆	☆
		2）设置在便于取用的地点	☆	☆	☆
		3）不应影响安全疏散通道	☆	☆	☆
		4）不应放置在潮湿或强腐蚀性的地点	☆	☆	☆
		5）设置应稳固	☆	☆	☆
		6）设置在室外的灭火器应有保护措施	☆	☆	☆
		7）不应设置在超出其使用温度范围的地点	☆	☆	☆
		8）同一地点尽量设置操作方法相同的灭火器	☆	☆	☆
3.00	灭火器维护与保养				
3.01		灭火器应定期送检维修单位检修，确保完好	☆	☆	☆
4.00	配置类型选择				

续表

序号	检查项目	检查内容与要求	检查形式		
			岗位自检	系统检查	专业检查
4.01		不同场所根据需求应配置不同类型的灭火器	—	☆	☆
4.02		石油制品、油脂类火灾危险场所和运输车辆应配置干粉或二氧化碳灭火器	—	☆	☆
4.03		醇、醚、酮、酯类水溶性可燃液体贮存和使用场所配置干粉灭火器	—	☆	☆
5.00	火灾报警专用设备				
5.01		火灾危险场所，如库房、测试工作区，应设置火灾报警设备	—	☆	☆
5.02		工作场区、库房据其使用性质不同，可分别设置可燃气体报警系统或烟雾报警系统	—	☆	☆
5.03		外观完好、有定期检测、维护记录	—	☆	☆

(9) 转场前安全检查细则

转场前安全检查的项目、检查内容与要求、检查形式见表4－13。

表 4－13　转场前安全检查细则

序号	检查项目	检查内容与要求	检查形式		
			岗位自检	系统检查	专业检查
1.00	装备检查	设备转场前应对装备、车辆等进行检查	☆	☆	—
2.00	道路检查				
2.01		转场前应对路线、道路进行检查，对沿途经过的桥梁、涵洞的载重、限高等进行确认	☆	☆	—
2.02		检查道路坚实、满足公路车转弯半径等技术要求	☆	☆	—

续表

序号	检查项目	检查内容与要求	检查形式		
			岗位自检	系统检查	专业检查
3.00	火工品的包装、紧固和接地检查	火工品转场前应对产品的包装、紧固和接地等情况进行检查	☆	☆	—

(10) 筒(箱)弹吊装转运安全检查细则

筒(箱)弹吊装转运安全检查项目、检查内容与要求、检查形式见表4-14。

表4-14 筒(箱)弹吊装转运安全检查细则

序号	检查项目	检查内容与要求	检查形式		
			岗位自检	系统检查	专业检查
1.00	现场组织				
1.01		现场应有专人指挥，指挥者负责组织实施吊装、转运工作	☆	☆	—
1.02		指挥者负责向操作人员交代操作注意事项和安全职责	☆	☆	—
1.03		所有参加操作的人员应有明确的岗位分工和职责，熟悉吊具使用方法	☆	☆	—
1.04		设备转运前要对车辆、装备、道路、路线进行检查	☆	☆	—
1.05		吊装过程中应划定安全作业区，无关人员不应进入作业区域内	☆	☆	—
2.00	吊装指挥员				
2.01		应明确吊装任务，熟悉所用吊装设备的性能和方法，并经过培训，考试合格，持证操作	☆	☆	—

续表

序号	检查项目	检查内容与要求	检查形式		
			岗位自检	系统检查	专业检查
2.02		作业前应与起重机司机进行技术交底和协调指挥信号	☆	☆	—
2.03		应按照 GB 5082 规定的各种信号组织实施	☆	☆	—
2.04		应佩带鲜明标志	☆	☆	—
2.05		应站在起重机司机看得清信号、又能观察到产品吊装动态过程的安全位置	☆	☆	—
2.06		指挥信号应清晰、规范	☆	☆	—
2.07		熟悉并遵守安全操作规程和相关技术安全要求	☆	☆	—
3.00	起重机司机				
3.01		司机应经过考核，持证上岗操作	☆	☆	—
3.02		严格按指挥信号进行操作，对紧急停车信号应立即执行	☆	☆	—
3.03		接班时，应对制动器、吊钩、钢丝绳和安全装置进行检查，发现性能不正常，应立即报告，并在操作前排除	☆	☆	—
3.04		开车前应鸣铃或报警，操作中接近人时，应给以断续铃声或报警	☆	☆	—
3.05		工作中突然断电时，应将所有的控制器手柄扳回“0”位，或按有关技术文件执行	☆	☆	—
4.00	设备设施				
4.01		起重设备应符合 GB 6067.1 的规定	☆	☆	—
4.02		起重机、工装、吊具应在检验周期内，并符合技术说明书规定的要求	☆	☆	☆
4.03		吊装（筒（箱）弹）时应使用专用吊具，专用吊具不应吊运其他产品	☆	☆	—

续表

序号	检查项目	检查内容与要求	检查形式		
			岗位自检	系统检查	专业检查
4.04		起重机、吊具不应超载使用	☆	☆	—
4.05		起重机吊钩应有保险装置，吊具上应有锁紧装置	☆	☆	—
4.07		导弹拖车应状态良好，满足技术文件要求	☆	☆	—
5.00	操作				
5.01		筒（箱）弹吊装时应有指挥和操作员；技安员现场监督	☆	☆	—
5.02		非岗位人员不应进入操作区	☆	☆	—
5.03		作业区内无障碍	☆	☆	—
5.04		筒（箱）弹、设备吊装：			
		1）吊具与筒（箱）弹连接后，指挥应对吊具连接情况做最后一次检查，确认连接正确后方可指挥起吊	☆	☆	—
		2）起吊的总载荷不应超过吊装设备和吊具的额定载荷	☆	☆	—
		3）单钩起吊时，被吊设备或导弹质心应处于吊点下方	☆	☆	—
		4）当筒（箱）弹吊离支撑物不大于 100 mm 时，指挥员应发出“停止”信号，在确认导弹起吊状态正常、与起重机制动性能良好后再继续起吊	☆	☆	—
		5）筒（箱）弹吊装过程中超过手扶高度 1.8 m，要先系牵引绳控制方向，防止晃动；操作员与导弹应有不小于 1 m 的安全距离	☆	☆	—
		6）设备、筒（箱）弹起吊后，禁止人员在其下面通过或停留	☆	☆	—
		7）在吊装过程中，应有防挤压、划伤、磕碰、防晃的措施	☆	☆	—

续表

序号	检查项目	检查内容与要求	检查形式 岗位自检	 系统检查	 专业检查
5.04		8）装卸筒（箱）弹时，吊点应对准起吊标志，导弹严禁碰撞、跌落	☆	☆	—
		9）装卸筒（箱）弹时，当筒（箱）弹接近或脱离支撑物时，吊车速度应减至最小，并防止冲击	☆	☆	—
		10）产品或箱体装卸时不应受潮，不允许在室外雷雨天气下进行，当风速大于 10 m/s，应停止吊装工作	☆	☆	—
		11）一般吊装速度：升降速度不大于 8 m/min，运行速度不大于 6 m/min，回转速度不大于 1 r/min	☆	☆	—
		12）微动速度：升降速度不大于 1 m/min，运行速度不大于 2 m/min，回转速度不大于 0.1 r/min	☆	☆	—
5.05		筒（箱）弹、设备翻转：			
		1）设备、导弹翻转可用主、副吊钩或在专用设备上进行	☆	☆	—
		2）如无特殊规定，翻转速度不大于 15（°）/min	☆	☆	—
		3）翻转前座检查设备、导弹的质心是否处于吊点的下方，并固定自由状态的电缆与管路			
		4）翻转设备、导弹与其他设备的连接部位应垫防护物，其表面凡可能与翻转设备相干涉的凸起物应事先拆除	☆	☆	—
		5）翻转作业应有专人指挥，翻转工作人员应培训合格	☆	☆	—
5.06		筒（箱）弹、设备停放：			
		1）当导弹吊到支撑物上方时，要缓慢下降，应在指挥、操作人员报告弹位对准后，才可以放到支撑物上	☆	☆	—
		2）停放的支撑物的支承面上应采取保护措施	☆	☆	—
		3）停放的支撑物应有接地措施	☆	☆	—

续表

序号	检查项目	检查内容与要求	检查形式 岗位自检	 系统检查	 专业检查
5.06		4）如无特殊规定，导弹的停放环境条件应满足试验要求	☆	☆	—
		5）长时间停放时，导弹应置于专用或通用的包装箱内，并按有关贮存要求执行	☆	☆	—
		6）设备和导弹停放在场坪上，应采用相应的隔离措施，并有明显的警示标志	☆	☆	—
		7）按规定收回吊具	☆	☆	—
		8）吊运过程中如遇紧急情况，应立即向吊车司机发出“紧急停止”信号，并采取应急措施	☆	☆	—
		9）吊装现场的照度为 200～10 00 lux，光线应柔和，无炫光	☆	☆	—
		10）对于海上靶场试验应选择较好的天气装舰，装卸导弹时的风速、海情等应符合有关技术文件的要求	☆	☆	—
6.00	运输车				
6.01		筒（箱）弹转运应采用专用的运输车并配有专人驾驶	☆	☆	—
6.02		使用前应对专用的运输车进行以下项目的检查：			
		1）运输前确认车辆处于完好状态	☆	☆	—
		2）冷却液量	☆	☆	—
		3）燃油量	☆	☆	—
		4）发动机机油量	☆	☆	—
		5）电路系统工作情况	☆	☆	—
		6）制动系统工作情况	☆	☆	—
		7）导静电链路是否可靠、导通良好	☆	☆	—
		8）机油、燃油、冷却液等是否渗漏	☆	☆	—
		9）轮胎状态，测量气压	☆	☆	—
		10）拉紧器状态	☆	☆	—
		11）冬季时检查防冻泵充液量，并将其置于工作位置	☆	☆	—

续表

序号	检查项目	检查内容与要求	检查形式		
			岗位自检	系统检查	专业检查
6.03		运输车上除了导弹外不允许装载其他易爆、易燃品和挤压导弹的重物	☆	☆	—
6.04		车厢周围严禁烟火	☆	☆	—
6.05		运输车上应配备消防器材	☆	☆	—
6.06		运输车上不允许无关人员随行	☆	☆	—
6.07		车厢和导弹均应接地	☆	☆	—
7.00	运输车司机				
7.01		按技术说明书有关要求检查车况，使其处于良好状态	☆	☆	—
7.02		熟悉车况，掌握有关操作流程	☆	☆	—
7.03		驾驶过程中注意观察车内仪表指示情况，一旦发现故障，及时停车检查，排除故障	☆	☆	—
8.00	转场运输				
8.01		运输前应确保导弹已经固定牢靠	☆	☆	—
8.02		运输途中应按要求检查导弹的固定和接地情况	☆	☆	—
8.03		避免在高压线下以及雷雨天气、大雾天气和下雪天气时行驶	☆	☆	—
8.04		运输车要平稳启动、停车，严禁空档滑行，没有特殊情况严禁急刹车	☆	☆	—
8.05		几辆车同时行驶时，应确保安全车距	☆	☆	—
8.06		运输车在各种路面的最大行驶速度应确保导弹及车辆安全	☆	☆	—
8.07		运输车行驶应有统一指挥，指挥负责导弹装卸和途中的安全检查	☆	☆	—
8.08		对于海上靶场试验，装运过程中的舰速和海情等应符合型号相关技术文件的规定	☆	☆	—

(11) 导弹测试安全检查细则

导弹测试安全检查的项目、检查内容与要求、检查形式见表4-15。

表 4-15 导弹测试安全检查细则

序号	检查项目	检查内容与要求	检查形式		
			岗位自检	系统检查	专业检查
1.00	综合测试设备				
1.01		防触电:			
		1) 综合测试设备的接地系统的设计应确保设备的机柜、面板、外露金属件和屏蔽层都处于低电位，以免操作和维修人员触电	☆	☆	—
		2) 对可能超过 36 V 电压的部位，除了检查测点外，应采取防护措施进行绝缘隔离处理	☆	☆	—
		3) 工作电压超过 500 V 的电路组合应配置防护罩、设置高压标志	☆	☆	—
1.02	导弹加电前的安全检测流程	1) 确认被测导弹是否装战斗部	☆	☆	—
		2) 导弹带战斗部测试时应禁止对战斗部传爆系统通电检查	☆	☆	—
		3) 应判定导弹是否展开就绪和接地是否良好	☆	☆	—
		4) 应对导弹保险机构进行严格限流条件下的安全检查，以确认战斗部传爆管引爆电路处于绝对安全状态	☆	☆	—
		5) 当上述检查均为良好时才允许对导弹加电	☆	☆	—
1.03	电压保护	1) 综合测试设备应能承受任何瞬时或非瞬时超压，并在欠压条件下不致有永久性损坏	☆	☆	—
		2) 应有抗初级输入电源的瞬变能力，并能抑制其与相应用电相关的峰值瞬变波动电压	☆	☆	—

续表

序号	检查项目	检查内容与要求	检查形式		
			岗位自检	系统检查	专业检查
1.04		过载保护：设备中因故障或调节不当而可能引起过载的一切零件和电路，若在设计上无法承受这种过载而将有永久性损坏，应装有保险丝、电路熔断器或电流限制电路	☆	☆	—
1.05		防辐射：对能够产生 10 MHz～100 GHz 之间的微波和射频的测试设备，应采取防护措施，以减轻对操作者的辐射伤害；微波辐射的安全限值应符合GJB 5313-2004《电磁辐射暴露限值和测量方法》规定	☆	☆	—
2.00	测试环境				
2.01		导弹的测试环境温度和湿度应满足型号要求	☆	☆	—
2.02		除非另有规定，采用频率为 50 Hz 的三相四线供电体制	☆	☆	—
2.03		接地母线的接地电阻应满足型号相关技术文件要求	☆	☆	—
3.00	测试过程				
3.01		导弹测试应按型号有关技术文件进行	☆	☆	—
3.02		进入测试场地的测试人员和其他有关人员不允许穿铁钉的鞋，要穿不易产生静电的外衣，在微波辐射下测试要穿屏蔽服	☆	☆	—
3.03		进入测试场地的测试人员和其他有关人员进行操作和测试时，应先触摸放静电手柄	☆	☆	—
3.04		地面测试时，首先进行电系统的无源导通和绝缘检查	☆	☆	—
3.05		起爆线路出现故障时，不应在带火工品状态下焊接起爆线路	☆	☆	—
3.06		导弹测试过程中，安全员要及时检查，排除不安全因素	☆	☆	—
4.00	导弹状态	检查导弹状态符合规定的安全要求	☆	☆	—
5.00	软件版本	飞控软件、测试软件的版本应符合试验要求	☆	☆	—

(12) 筒(箱)弹装填安全检查细则

筒(箱)弹装填安全检查的项目、检查内容与要求、检查形式见表4-16。

表4-16 筒(箱)弹装填安全检查细则

序号	检查项目	检查内容与要求	检查形式		
			岗位自检	系统检查	专业检查
1.00	现场组织				
1.01		明确现场指挥员	☆	☆	—
1.02		明确现场安全负责人	☆	☆	—
1.03		明确现场操作岗位的安全责任,操作人员应训练有素	☆	☆	—
1.04		操作人员应正确穿戴防护用品	☆	☆	—
2.00	管理				
2.01		编制的筒(箱)弹装填操作规程已经过审核批准	☆	☆	—
2.02		现场安全负责人应熟知装载操作规程	☆	☆	—
2.03		对各岗位操作人员进行安全知识教育	☆	☆	—
3.00	运输装填装备				
3.01		运输装填装备所用吊具的吨位和臂长应满足使用要求	☆	☆	—
3.02		筒(箱)弹正式起吊前,作一次模拟试吊	☆	☆	—
3.03		吊梁或吊索状态符合技术要求	☆	☆	—
4.00	操作	导弹装到发射装置上的安全要求,按导弹起吊、装填和起竖等有关技术文件执行	☆	☆	—

(13) 导弹发射前安全检查细则

导弹发射前安全检查的项目、检查内容与要求、检查形式见表4-17。

表4-17　导弹发射前安全检查细则

序号	检查项目	检查内容与要求	检查形式		
			岗位自检	系统检查	专业检查
1.00	现场组织				
1.01		明确现场指挥员	☆	☆	—
1.02		明确现场安全负责人	☆	☆	—
1.03		明确现场操作岗位的安全责任，操作人员应训练有素	☆	☆	—
1.04		操作人员应正确穿戴防护用品	☆	☆	—
1.05		无关人员不应进入发射阵地	☆	☆	—
1.06		试验应急预案的完善与演练	☆	☆	☆
2.00	参试设备对接调试				
2.01	对接前检查	1）运输后，认真检查各个接口的插头接插情况	☆	☆	—
		2）设备首次启动前，应确认电缆连接正确、接地电阻满足要求	☆	☆	—
		3）在启动设备前应确认开关初始状态设置正确，启动后应确认系统和设备的工作状态	☆	☆	—
		4）参加联调的设备、仪器应检定合格，并在规定的校验期内使用	☆	☆	—
		5）试验前技安人员应按规程进行安全检查	☆	☆	—
		6）进行开关舱门操作、设备调转、加高压时，应确定人员处于安全区域	☆	☆	—
		7）应保持各设备通风口的畅通	☆	☆	—
2.02	设备调转	1）现场指挥员应明确可能会造成调转（或起竖）的口令，现场操作员应熟知本岗位所有可能造成调转（或起竖）的操作以及紧急情况的处理措施	☆	☆	—
		2）有调转（或起竖）装置的参试设备应设有醒目标识，并标明回转半径	☆	☆	—

续表

序号	检查项目	检查内容与要求	检查形式		
			岗位自检	系统检查	专业检查
2.02	设备调转	3）调转现场应由专人监管	☆	☆	—
		4）在调转（或起竖）前应确保在回转半径区域内无障碍物或人员	☆	☆	—
		5）设备调转（或起竖）前，应设置警示牌或警戒线	☆	☆	—
		6）严禁人员或其他车辆在设备调转时进入到回转半径区域内	☆	☆	—
		7）设备调转（或起竖）应严格现场管理，对可能产生的危险因素采取必要的防范措施	☆	☆	—
2.03	高压检查	1）靠近高压处使用的工具应具有良好的电绝缘	☆	☆	—
		2）参试设备施加高压应由专职人员控制	☆	☆	—
		3）多个装备的雷达同时加高压时，装备间的安全距离应满足频点设置、重复周期等电磁兼容的要求	☆	☆	—
2.04	辐射防护	1）高功率辐射源在高压工作前应由现场监管人员对现场参试人员进行通报，并利用警示标识给出加高压的警示	☆	☆	—
		2）辐射源工作时应在联调现场明确标识安全区域和安全距离，并避开人员密集区	☆	☆	—
		3）在高辐射强度区域内工作的人员应按规定穿戴屏蔽服	☆	☆	—
3.00	发射过程				
3.01		试验时，操作实行双岗制，一岗操作，二岗监督和进行必要的辅助操作	☆	☆	—
3.02		操作手在装订参数时应有专人进行核查确认	☆	☆	—
3.03		导弹发射的准备、检测和发射，要严格执行有关技术文件、操作口令表和试验安全操作规程	☆	☆	—
3.04		试验过程中，现场其他人员应与操作人员保持一定的距离	☆	☆	—

续表

序号	检查项目	检查内容与要求	检查形式		
			岗位自检	系统检查	专业检查
3.05		在“清场”命令发出后，现场人员应在规定的时间内，迅速撤离到安全地带，警报解除前，不允许随意走出安全地带	☆	☆	—
4.00	软件装订	按规定对软件装订的正确性进行检查	☆	☆	—

(14) 设备撤收安全检查细则

设备撤收安全检查的项目、检查内容与要求、检查形式见表 4-18。

表 4-18　设备撤收安全检查细则

序号	检查项目	检查内容与要求	检查形式		
			岗位自检	系统检查	专业检查
1.00	撤收顺序				
1.01		试验结束后，应按试验队的统一安排撤场，确保撤场安全	☆	☆	—
1.02		首先对设备断电，检查供电电源，确认供电系统均已关闭的情况下，将电源电缆、接地线等断开，然后拆卸互联电缆	☆	☆	—
1.03		参试设备的拆卸应按照联调试验大纲或其他技术文件的规定进行	☆	☆	—
2.00	电缆撤收	1) 供电电缆撤收前应确保设备、车辆、配电箱等均已断电	☆	☆	—
		2) 先撤收供电电缆，再撤收信号电缆	☆	☆	—
3.00	装备固定	1) 撤收时应对所有设备进行全面检查	☆	☆	—
		2) 装备上的物品应固定牢靠或锁紧，防止松动、跌落或意外转动	☆	☆	—

4.8.3.5 检查问题的闭环管理

在按照4.8.3.4节规定的内容逐条进行安全检查后，对检查结果不符合要求的项目，应参照表4-19的格式填写安全检查记录表，说明存在的问题或隐患，提出整改措施和建议等，并跟踪整改结果，对整改结果进行跟踪验证。

表4-19 试验安全检查记录表

第______页·共______页

被检单位：________ 被检单位负责人：________ 检查时间：________

检查地点：________ 检查组成员：________ 填表人：________

序号	检查内容	问题或隐患	措施和建议	要求整改日期	整改结果	备注

4.8.3.6 制定应急措施和处理预案

重大试验必须制定应急措施和处理预案，使任何可能引起的事故能得到有序处理，不扩大，减少事故造成的人员伤亡和财产损失以及对环境产生的不利影响。在预案中落实应急组织，明确事故模式与后果，制定应急处理救援措施，配备必要的应急物资、器材等。

4.9　安全性培训

在较高风险的武器系统的研制、生产和使用中，往往要求对包括订购方和承制方在内的武器系统相关人员进行资格培训。结合所研制装备的安全性特点进行安全性培训，提高对安全性工作的认识及重视程度，使其掌握安全性技术、基本理论和工作方法等，使得受训人员能够合格担任所承担的安全性工作，确保研制的型号满足系统安全性要求，并确保在型号的研制、生产和使用过程中的安全。

4.9.1　培训对象

对从事下列方面工作的人员需进行系统安全性培训：

1）需要开展危险分析并提出安全措施的产品设计师；

2）安全性操作规程、应急预案等的制定者；

3）危险作业、应急预案等的操作人员；

4）保险装置、防护设备、监控与报警装置的设计人员；

5）订购方使用和保障人员；

6）其他视情况需要开展安全性培训的工作人员。

4.9.2　培训方式

安全性培训有课堂教学、演示、实习、参观等形式。可采用一种或多种相结合的方式开展设计、研制和生产的培训，或试验、使用和保障的培训。

此外，培训应采用有效的技术和方法，并准备有适当的培训设备和技术资料，以提高培训的实效。在进行操作性的培训工作前，必须事先采取严密的防护措施。对参与危险操作或从事对装备安全性有重要影响的研制人员进行资格认定，确认其能够安全操作或能够胜任所承担的研制工作。

承制方的安全性培训计划应纳入到安全性工作计划中。

4.9.3 培训要点

4.9.3.1 设计、研制和生产的培训

安全性工作计划只有在所有参与者都清楚各自的工作时才能有效实施。为此，承制方应对装备研制人员进行培训，使其掌握安全性的基本原理、设计方法和分析技术等。

培训要点包括：

1）安全性分析的技术与方法；

2）安全性设计准则；

3）安全性验证的技术与方法；

4）安全性评价的技术与方法；

5）事故的调查分析研究；

6）安全性标准规范及法律法规。

4.9.3.2 试验、使用和保障的培训

应对承制方和订购方的使用和保障人员开展设备操作及试验方面的培训。培训要点包括：

1）产品的基本情况、安全特性、有关的危险和正确的操作规程；

2）应急措施、步骤和安全装置的使用；

3）告警标志的意义；

4）事故的调查分析研究；

5）实际的装卸、操作和试验技能；

6）人员急救常识。

参 考 文 献

[1] GJB 900A－2012. 装备安全性工作通用要求[S]. 2012.

[2] QJ 20365－2014 地(舰)空导弹武器系统安全性评审要求[S]. 2014.

[3] QJ 20370－2014 地(舰)空导弹飞行试验安全检查细则[S]. 2014.

第5章　安全性分析

5.1　安全性要求分解

安全性要求是安全性工作的前提和基础，是型号开展安全性工作的基本依据。承制方应将装备安全性定性要求和定量指标分解到规定层次产品（包括软件），转化成相应的设计要求，在产品的设计过程中进行落实，才能够起到约束设计的作用，并将相关风险控制到可接受水平。

该项工作应在装备立项论证和方案阶段开始实施，并随着研制进展，逐级明确各级产品为达到总体的安全性要求而应该满足的要求：首先通过合适的方法提出装备级或系统级的安全性要求，对其进行确认后，再对照订购方要求分解的产品层次，将其分解到下一层次产品中，直至对规定的最低层次产品提出安全性要求，以便将这些要求同其他专业（如性能、可靠性等）提出的要求综合考虑，最终落实到不同层次产品的设计中。完成设计后应对照各级产品的安全性要求利用各种方法进行验证。

安全性定量指标的分解应根据装备特点和需求选择合适的方法，例如可参照 GJB/Z 768 建立故障树，利用故障树模型分解指标。分解后的安全性定量要求纳入产品研制任务书。定性要求则可体现在安全性工作计划、安全性保证措施以及安全性设计准则中。

5.2　初步危险分析

5.2.1　初步危险表

5.2.1.1　分析目的

初步危险表是系统研制过程中开展的第一项安全性分析活动，提供了需要重点考虑的危险或需深入分析的危险部位，针对初步危险表，再进一步开展初步危险分析。因此，初步危险表的目的是依据系统研制任务书和所确定的设计方案，检查并初步识别固有的危险因素。

5.2.1.2　分析内容

初步危险表主要分析识别具有危险特性的功能、产品、材料以及与环境等有关的危险因素和有害因素。

1）与“产品故障或功能异常”相关的危险因素和有害因素主要包括：通过 FME（C）A 得出的严酷度为Ⅰ类、Ⅱ类且发生概率在 A 级或 B 级的故障模式以及单点故障模式等；

2）与“危险物质”相关的危险因素和有害因素主要包括：危险品、能源、有毒材料、放射性物质等；

3）与“环境”相关的危险因素和有害因素主要包括：全寿命周期内遇到的小概率极端气候环境、与设计环境不同的使用环境、外界环境作用于产品装载平台产生的局部微环境等；

4）与“使用操作”相关的危险因素和有害因素主要包括：误操作、未按规定操作、设计缺陷、人的生理因素等；

5）与“由不同产品相互作用引发的危险”相关的危险因素和有害因素主要包括产品接口、使用或任务次序等；

6）其他危险因素和有害因素主要包括：软件安全、潜在状态等。

5.2.1.3 输入信息

初步危险表分析需要获取的信息包括：

1）武器系统的设计方案、使用方案；

2）计划在系统中使用的能源、主要系统功能以及软件功能；

3）相似装备的安全性信息与功能经验；

4）适用于特定装备的危险检查单。

5.2.1.4 分析方法

在获得上述资料信息的基础上，对照系统任务要求和技术方案，完成初步危险检查表的填写。初步危险表格式示例见表 5-1。

表 5-1 初步危险表

第　　页·共　　页

系统名称及代号________________

所属上一级产品名称________　　阶段________　　编号______

序号	分析范围	各组成部分名称			
		×××	×××	×××	……
1	产品故障或功能异常				
…					
n					
1	危险物质				
…					
n					
1	环境				
…					
n					
1	使用操作				
…					
n					

续表

序号	分析范围	各组成部分名称			
		×××	×××	×××	……
1	由不同产品相互作用引发的危险				
…					
n					
1	其他				
…					
n					

编写		日期		校对		日期		审核		日期	

注 1：在对应空格内标记“√”或“×”，√—表示可能存在此类危险因素，×—表示不可能存在此类危险因素；

2：若标记“√”，请同时在空格内简要注明危险内容。

填表说明如下。

（1）表头内容

1）系统名称及代号：填写被分析对象所处的型号名称及代号；

2）所属上一级产品名称：填写被分析对象所属上级产品名称；

3）阶段：填写被分析对象所处的研制阶段；

4）编号：填写用于识别和管理的表格编号。

（2）表格内容

1）各组成部分名称：此栏列出被分析对象的所有组成部分，供分析检查；

2）分析范围：对照危险检查单，逐一检查各组成部分，确认是否存在相关危险，并按规定以恰当的形式在栏中标识。

（3）危险检查单示例

典型的防空导弹武器系统危险检查单通常由雷达分系统危险检查单、发控分系统危险检查单、供电分系统危险检查单、转塔分系统危险检查单、导弹危险因素检查单以及武器系统危险检查单构成。详见表 5-2 至表 5-7。

表 5-2 雷达分系统危险检查单

序号	危险检查项目	检查项目		备注
		存在	不存在	
一	作战使用阶段			
1	雷达天线起竖伤人			
2	设备加高压			
3	地面雷达之间相互干扰			
4	雷达设备舱内未设置以下报警装置： • 空调异常报警、过载报警； • 液压油箱内安装油温自动控制装置或过热报警装置			
5	发射机凝露加高压			
6	发射机高压击穿短路			
7	发射机设备高电压绝缘防护不当			
8	高压电路操作控制超过安全工作电压			
9	高压设备的安全保护开关使用不合理			
10	高压设备断电的设备防护			
11	低压电路加电、高压电路断电的设备防护			
12	高压电路和控制保护电路受到脉冲干扰			
13	高压电路和绝缘构件的表面爬电（闪络）			
14	控制保护电路产生虚警			
15	控制电器触点系统存在接触电阻和电弧			
16	发射机控制保护电路未正常工作，就进行加电操作			
17	误操作使得发射机加、断电顺序不当			
18	综合性的故障、状态、指令信号未串联在发射机加高压的启动、停止控制链条中			
19	控制保护电路中存在潜通路，使控制电器动作时间差别而影响发射机系统的安全启动和运行			
20	电容器在电源切断后积聚大量电荷			
21	直流继电器、接触器等器件动作时产生的反电势损坏其他器件和污染电磁环境			

续表

序号	危险检查项目	检查项目		备注
		存在	不存在	
22	组合设有的风机扇叶与外物直接接触			
23	舱外工作环境对高频接收机的影响			
24	高频接收机低温工作无法启动			
25	高频接收机的接地和屏蔽不当			
26	电缆线传导干扰			
27	发射机设备高电压绝缘防护不当			
28	对噪声敏感的线路与大电流、高速开关线平行			
29	发热元件未留有散热空间和气流通道			
30	模拟电缆输入线、参考电压与数字信号线相邻产生干扰			
31	发射机高压击穿短路			
32	高压电路操作控制超过安全工作电压			
33	高压设备加电违背正确顺序			
34	在发射机通风或发射管水冷运行不正常的情况下，发射机加高压			
35	加电过程中瞬时断电对设备的危害			
36	伺服控制软件出现以下问题而导致设备失控： • 伺服控制软件出现死循环； • 数据计算时溢出； • 程序进入非法地址； • 伺服时钟周期消失			
37	伺服控制软件中未设置系统故障处理、软件加速度限制等功能，导致雷达系统无法安全运行			
38	组件的静电放电			
39	电缆上的屏蔽或金属编织层不按规定接地			
40	各种电压未作明确标识			
41	设备要求两种以上的输入电源时，电源接错			
42	直流电源的接线未清晰标明电压极性			

续表

序号	危险检查项目	检查项目		备注
		存在	不存在	
43	伺服驱动系统与天线起竖、机械锁定等联锁不当			
44	电缆和导线在穿过金属隔板处无保护措施			
45	各级限位保护措施失效			
46	主电源断路器无法切断接到整个设备或系统的所有电源			
47	断开装置（断路器）无适当标记			
48	当设备处于运转状态，保护操作人员免受运动部件伤害的防护装置失效			
49	旋转设备的安装架刚度不足			
50	与天线座一起运转的旋转设备的安装不牢固			
51	支撑件、固定夹、导轨、安装螺钉等在最大加速度条件下无法可靠支撑			
52	活动部件不能防止液体、水等渗漏			
二	维护维修阶段			
53	发射机高电位处没有人员隔离防护误触措施或高压警示标志			
54	操作人员在接近高压元器件或高电位点前，未确认高压设备输入电源已经确实切断			
55	高压放电棒的地线接地不可靠			
56	高压放电棒的绝缘部件小于规定的绝缘安全距离			
57	给高电压元件或高电位放电时间过短			
58	高压元器件外壳的接地不可靠			
59	高压部件和电路有裸露连接点			
60	高压元器件外壳接地处未去除绝缘漆			
61	电子组合的棱边、尖端、锐角等划破皮肤、割伤电线			
62	裸露在面板外的可操作器件（断路器、开关等）			
63	面板标识不清晰			
64	开关旋钮的每个动作位置没有逐一标识			

续表

序号	危险检查项目	检查项目		备注
		存在	不存在	
65	变压器组合内部电源防护缺陷			
66	维护开关设置在天线转台负载转动半径之内			
67	转台在人工维护期间再次启动运行			
68	天线突然运转不正常而无法紧急制动			
69	重要检修部位未设置切断电机启动回路的开关			
70	当天线座系统安装在具有起竖功能的装置上时，起竖装置与伺服系统协调不一致而损坏设备			
71	应急操纵装置设置在操作人员易接近处			
72	防护装置对检查机械部件状态构成妨碍			
三	运输阶段			
在运输途中承受的自然环境				
73	公路运输：高温（干/湿）、低温、雨雪、砂尘、相对湿度、低气压等			
74	铁路运输：高温（干/湿）、低温、雨雪、砂尘、相对湿度、低气压等			
75	船运：高温（湿）、低温、盐雾、相对湿度、雨雪、临时浸水等			
76	空运：低气压、低温等			
77	勤务运输：高温（干/湿）、低温、雨冰雹雪、砂尘、相对湿度、雷电、盐雾、低气压、涉水等			
在运输途中承受的力学环境				
78	公路运输：路面冲击、路面振动、装卸冲击（跌落与翻倒）等			
79	铁路运输：铁路冲击、铁路振动、装卸冲击（跌落与翻倒）等			
80	船运：波浪冲击、波浪振动、装卸冲击（跌落与翻倒）等			

续表

序号	危险检查项目	检查项目		备注
		存在	不存在	
81	空运：飞行振动、着陆冲击、装卸冲击（跌落与翻倒）等			
82	勤务运输：路面冲击、路面振动、装卸冲击（跌落与翻倒）等			
产品在运输前后的安装与拆卸				
83	设备在运输途中倒置			
84	设备在运输途中翻滚			
85	拆卸前未将连接电缆、接地线等断开			
产品的吊装、翻转与停放				
86	吊装过程产品失稳			
87	装填设备与起重机或转塔设备的连接部位			
88	吊装设备结构的强度和刚度			
89	装填过程中处于自由状态的电缆和管路			
90	其他未按规定技术条件进行设备吊装与停放的行为			

注：在“备注”一栏对危险因素存在或不存在进行说明。下同。

表 5－3 发控分系统危险检查单

序号	危险检查项目	检查项目		备注
		存在	不存在	
一	作战使用阶段			
导弹地面供电				
1	对需要进行火工通路监测的发控系统，提供的检测电流大于火工品安全不起爆电流			
2	未确认筒弹处于安全的条件下，给筒弹提供电源			
3	供电电源中断对导弹功能产生不利影响			
电源启动至导弹点火发射前				
4	发控计算机参数人工装订错误			

续表

序号	危险检查项目	检查项目		备注
		存在	不存在	
5	发控计算机通信超时			
6	通信误码			
7	发控计算机的 I/O 输出不能正确控制继电器			
8	控制组合弹动信号采集故障			
9	导弹供电故障			
10	电池激活故障			
11	导弹点火故障			
12	发控电源无输出			
13	导弹点火电源无输出			
14	导弹点火电源输出功率下降			
15	导弹地面电源无输出			
16	导弹地面电源带载能力异常			
17	发控系统没有正确采集到弹动信号			
导弹发射				
18	发控系统不能快速响应发射转塔提供的禁射信号			
19	在解除禁射信号前发控系统仍然响应上级系统的发射指令			
发控电路				
20	开关量输出电路在设备上电瞬间有输出信号			
21	控制信号由于单点故障而将供电或控制信号接通至导弹			
22	火工品激活控制不当			
发控软件				
23	发控软件设计上，未进行导弹在位且无故障的判断，就进入导弹选择的流程			
24	发控软件设计对于具备进入导弹发射阶段的逻辑判断不全面			
25	语法、语义错误（编译器未查出）			

续表

序号	危险检查项目	检查项目		备注
		存在	不存在	
26	无休止循环（死循环）			
27	程序或数据被破坏			
28	软件版本错误			
29	参数值错误			
30	数值计算上溢或下溢			
31	数值超出定义域			
32	运算精度不够			
33	数据结构错误			
34	计算错误			
35	数学模型错误			
36	输出值错误			
37	实时运行超时			
38	控制时序不匹配			
39	任务间接口不匹配			
40	软件、硬件间的接口不匹配			
41	模块间接口不匹配			
42	动态申请的资源耗尽			
43	程序异常中止			
44	常数值错误			
45	控制方法错误			
46	判据不当、错误			
47	地址越界			
48	程序转错地方			
49	逻辑设计不完善			
50	初始化错误			
51	变量未初始化			
52	循环计数次数错			

续表

序号	危险检查项目	检查项目		备注
		存在	不存在	
53	发控软件模块之间不独立			
54	模块公用全局变量的任意改写			
55	工作模式切换时，未清除多个工作模式下共用的全局变量			
二	维护维修阶段			
56	电连接器的插座和插头标识不明确			
57	印制板组件标识不明确			
58	外形相同的电连接器未设置定位销			
59	设备维修时意外通电			
60	电源总电路和支路上未设置保险装置和紧急断电装置			
61	电源连接器设计时未能够使插孔一端带电，插针一端不带电			

表5-4　供电分系统危险检查单

序号	危险检查项目	检查项目		备注
		存在	不存在	
一	作战使用阶段			
1	乘员误触电源线			
2	电源线绝缘层破损			
3	战车上装设备使用机壳、波导、车体作为电流回流线			
4	地面作战装备			
5	战车供电时，外供电源相序错误造成电机类设备反转			
6	设备出现过载时损害电源和负载			
7	一次交流电源未设置故障诊断、故障报警及自动保护装置			
8	系统输入过压			
9	系统输入欠压			

续表

序号	危险检查项目	检查项目		备注
		存在	不存在	
10	系统输入过流（用电设备加电出现的冲击电流）			
11	系统输出过压			
12	系统输出欠压			
13	系统输出过流			
14	带电插拔电缆等误操作引起电气损坏			
15	对于带有燃气轮机的车辆，未明确燃气轮机启动时的危险区域			
16	有供电电源的绝缘状况显示，未对乘员提示在绝缘下降时停机检查电源，保护电机安全			
17	车辆内未设置供电状态指示灯，显示供配电状态			
18	车辆内未安装断路器和保险丝，无法避免设备出现过载时电源和负载遭受损坏			
19	振动、冲击造成漏电保护装置机械损坏			
20	当指挥系统与发射车、雷达系统之间采用有线通信线路连接时，在通信线路的两端收发电路未设置光电隔离装置			
21	电源输入、输出及其他接口插座、开关等位置没有明确、清晰的标识			
22	电源未设置工作状态和故障的监视功能			
23	电源电路未设置保护电路或保险装置			
24	装备在各地面装备上的发电机组的进风、排风空间和进气、排气空间不合理			
25	雷达供电输入端、外场可更换单元输入端无电磁干扰滤波措施			
26	电路组合工作电压超过 500 V 时无防护措施			
27	测试电路瞬态过应力			
28	采用地面电源对导弹的功能和性能进行测试时，未设计和使用模拟设备对导弹不可逆过程进行测试			

续表

序号	危险检查项目	检查项目		备注
		存在	不存在	
29	内燃机等高温设备附近未设有显著的警告牌			
二	维护维修阶段			
30	地面供电系统未设置充分的内部和外部测试点			
31	对影响安全的任务完成的状态未进行性能监控及报警装置			
32	维修时肢体必须经过的通道、手孔等有尖锐边角			
33	工作舱口的开口或护盖等的边缘无圆角或覆盖橡胶等防护物			
34	供电设备无防意外通电的保护设计			
35	人工检测的检测点设置在高压、高温和运动部位			

表 5－5　转塔分系统危险检查单

序号	危险检查项目	检查项目		备注
		存在	不存在	
一	作战使用阶段			
1	转塔系统受到导弹发射燃气流冲击而损伤			
2	发射转塔运行至限界区域，未设置指示灯等显著标志提示操作人员进入限界			
3	伺服控制组合散热			
4	电机发热			
5	减速器散热			
6	电气设备用电			
7	方位、俯仰伺服控制组合的电磁辐射			
8	接地不可靠			
9	载车方舱、安装在舱外的电子设备所处的电磁环境			
10	方位、俯仰伺服控制组合、控制计算机功能异常导致转塔运转不受控			

续表

序号	危险检查项目	检查项目		备注
		存在	不存在	
11	发射转塔运转未设置制动器解锁的前提条件			
12	强制固定发射转塔的制动器的任务可靠度低			
13	伺服驱动允许输出未同时满足以下三点要求： • 发射转塔系统无故障； • 瞄准钥匙已接通； • 制动器已解锁			
14	软件设计超出了发射转塔运转范围的指令			
15	转塔状态异常不能及时进行转塔制动			
16	对于超出发射转塔允许转动范围的角度转塔仍然响应			
17	对关键信号的输出未设置指示灯，操作人员无法得到直观信息应对紧急情况			
18	未采用模拟信号地、数字信号地、噪声地和安全地等安全接地方式			
19	转塔电气系统的各机箱和组合的接地混接			
20	导弹在转塔上固定不可靠			
21	导弹在转塔上锁定的强度不满足导弹剪切力的要求			
22	对于有导轨的发射转塔，筒（箱）弹重量超过导轨承重			
23	发射转塔危险部位未安装警告提示			
应急投放				
24	应急投放控制装置未与导弹发射控制系统隔离			
25	应急投放控制火工品			
26	应急投放外部控制面板上未设置允许开关，导致应急投放无效			
27	在允许开关打开的状态下应急投放设备处于无电状态			
28	应急投放允许开关未采用钥匙开关设计，导致无关人员随意操作			
29	应急投放电路响应投放指令受到电磁干扰			

续表

序号	危险检查项目	检查项目		备注
		存在	不存在	
二	维护维修			
30	在发射转塔运转过程中未实施监测			
31	需登高进行维修维护作业的地方未设置有安全带挂钩等安全设施			
32	在乘员上转塔进行设备检查维护时，未使用伺服开关和工作/维护开关关闭伺服机柜电源，引起误操作造成转塔伺服设备动作伤害塔上人员			
33	转塔运转时未设置报警装置进行提醒，现场操作人员无法通过声音或灯光等识别上塔维护是否足够安全			
34	转塔结构设计未消除粗糙的棱边、尖端、锐角等			
35	在维修或插拔印制板需要抽出机箱时，机箱与机柜连接的导轨无锁定装置，使机箱滑落伤及维修人员			
三	运输阶段			
在运输途中承受的自然环境				
36	公路运输：高温（干/湿）、低温、雨雪、砂尘、相对湿度、低气压等			
37	铁路运输：高温（干/湿）、低温、雨雪、砂尘、相对湿度、低气压等			
38	船运：高温（湿）、低温、盐雾、相对湿度、雨雪、临时浸水等			
39	空运：低气压、低温等			
40	勤务运输：高温（干/湿）、低温、雨冰雹雪、砂尘、相对湿度、雷电、盐雾、低气压、涉水等			
在运输途中承受的力学环境				
41	公路运输：路面冲击、路面振动、装卸冲击（跌落与翻倒）等			
42	铁路运输：铁路冲击、铁路振动、装卸冲击（跌落与翻倒）等			

续表

序号	危险检查项目	检查项目		备注
		存在	不存在	
43	船运：波浪冲击、波浪振动、装卸冲击（跌落与翻倒）等			
44	空运：飞行振动、着陆冲击、装卸冲击（跌落与翻倒）等			
45	勤务运输：路面冲击、路面振动、装卸冲击（跌落与翻倒）等			
产品在运输前后的安装与拆卸				
46	设备在运输途中倒置			
47	设备在运输途中翻滚			
48	拆卸前未将连接电缆、接地线等断开			
产品的吊装、翻转与停放				
49	吊装过程产品失稳			
50	装填设备与起重机或转塔设备的连接部位			
51	吊装设备结构的强度和刚度			
52	装填过程中处于自由状态的电缆和管路			
53	其他未按规定技术条件进行设备吊装与停放的行为			

表 5-6　导弹危险因素检查单

序号	危险检查项目	检查项目		备注
		存在	不存在	
一	作战使用阶段			
导弹贮存的自然环境				
1	国防库房贮存：高温（干/湿）、低温、盐雾、霉菌、化学腐蚀、雷电、有害动物和昆虫等			
2	库房（载舰）贮存：高温（干/湿）、低温、盐雾、化学腐蚀等			
3	野外贮存：高温（干/湿）、低温、相对湿度、砂尘、盐雾、雨冰雹雪、太阳辐射、长霉、化学腐蚀、雷电、有害动物和昆虫等			

续表

序号	危险检查项目	检查项目		备注
		存在	不存在	
弹库				
4	导弹在弹库贮存期间意外点火			
5	导弹在弹库贮存期间燃料泄漏			
6	弹库未设置在舰艇上的避雷装置保护区内			
7	弹库位于电磁辐射区（如大功率无线电设备天线发射区）内			
8	筒（箱）弹未放在宽敞、平坦、干燥的专用库房			
9	库房内未设置消防设备			
10	筒（箱）弹库房内存放其他火工品或易燃、易爆物品			
贮存期维护				
包装箱（筒）内的补气或气体置换				
11	压力容器			
12	有毒气体			
13	工作场地无新鲜空气流通			
14	人员误操作			
导弹定期测试				
15	火工品测试			
16	导弹接地			
17	带电插拔电缆			
导弹战勤开机/战勤值班				
18	导弹加电测试过程中产生激励火工品误动作的信号			
19	导弹在位的加电时间以及断电后允许再次加电的时间间隔设置			
二	吊装/装填			
吊装/装填设备				
20	装填设备处于恶劣工况下的稳定性			
21	现场使用时应改变状态的连接部位			

续表

序号	危险检查项目	检查项目		备注
		存在	不存在	
22	装填设备与起重机或箱（导）弹的连接部位			
23	吊装设备结构的强度和刚度要求			
24	装填过程中处于自由状态的电缆和管路			
25	起重机、吊具等装填设备超载			
26	架车/专用转运车辆接地			
27	架车/专用转运车辆超载			
导弹吊装到发射平台				
28	导弹或产品在架车或专用转运车辆上放置不当引起异常损伤			
29	装填设备提升到位后对导弹的冲击			
30	装填过程中导弹发生倾翻或意外跌落			
31	在导弹吊装过程中吊机故障			
三	发射飞行			
导弹发射飞行的自然环境和力学环境				
32	自然环境：高温、低温、低气压、风、雨、热冲击等			
33	力学环境：发射与机动加速度、发动机诱发的振动、发射与火工品工作诱发的冲击、噪声（气动噪声和喷流噪声）等			
导弹发射前测试检查				
34	导弹供电前点火电路不处于断路状态			
35	弹上火工品误激活			
36	测试过程中外界对测试设备的辐射干扰（如雷达电磁辐射等）			
导弹发射飞行				
37	导弹在发射架位锁定			
38	发射筒易碎盖散落			
39	导弹与发射平台发射相互干涉			

续表

序号	危险检查项目	检查项目		备注
		存在	不存在	
40	弹上点火器故障			
41	导弹初始姿态异常			
42	发动机空中瞎火			
43	发动机点火后的喷出物			
44	导弹发射时尾焰高温燃气流喷射			
45	导弹未飞出安全距离战斗部引爆			
46	安控系统故障			
四	飞行试验			
导弹射前技术阵地测试				
综合测试设备				
47	综合测试设备接地设计未确保设备的机柜、面板、外露金属件和屏蔽层都处于低电位，使操作和维修人员触电			
48	对可能超过 36 V 电压的部位，除了检查测点外，未进行绝缘隔离处理			
49	工作电压超过 500 V 的电路组合未配置防护罩、设置高压标志			
导弹加电前				
50	• 未确认被测导弹是否装带战斗部 • 导弹带战斗部测试时对战斗部传爆系统通电检查 • 未判定导弹是否展开就绪和接地是否良好 • 未确认战斗部传爆管引爆电路处于绝对安全状态			
电压保护不当				
51	综合测试设备不能承受任何瞬时或非瞬时超压			
52	综合测试设备在欠压条件下有永久性损坏			
53	没有抗初级输入电源的瞬变能力，不能抑制其与相应用电相关的峰值瞬变波动电压			

续表

序号	危险检查项目	检查项目		备注
		存在	不存在	
54	综合测试设备无过载保护设计			
55	对能够产生 10 MHz～100 GHz 之间的微波和射频的测试设备，未采取防护措施减轻对操作者的辐射伤害			
56	导弹的测试环境温度和湿度不满足规定的要求			
57	未采用频率为 50 Hz 的三相四线供电体制（除非另有规定）			
58	接地母线的接地电阻不满足型号相关技术文件要求			
测试过程				
59	进入测试场地的测试人员和其他有关人员未穿不易产生静电的外衣，在微波辐射下测试未穿屏蔽服			
60	进入测试场地的测试人员和其他有关人员进行操作和测试时，未先触摸放静电手柄			
61	地面测试时，没有首先进行电系统的无源导通和绝缘检查			
62	起爆线路出现故障时，在带火工品状态下焊接起爆线路			
导弹按照预定弹道飞行				
63	试验禁区（如导弹掠海飞行的海域）内有人或设备			
64	靶试空域有无关飞行器			
65	导弹残骸落点附近有人或设备			
66	试验航区的纵深和宽度不满足导弹的最大射程和最大航路捷径要求			
导弹偏离预定弹道飞行				
67	导弹飞入目标保护区			
68	导弹反向飞行			

表5-7　武器系统危险检查单

序号	危险检查项目	检查项目		备注
		存在	不存在	
一	运输阶段			
设备转场				
1	转场前对沿途经过的桥梁、涵洞的载重、限高等未进行确认			
2	地面装备不满足公路车转弯半径等技术要求			
3	火工品转场前未对产品的包装、紧固和接地等情况进行检查			
4	运输装填车和导弹运输车货厢与地面之间未设接地链			
5	车厢与筒（箱）弹之间无接地线			
6	运输时筒（箱）弹与其他危险品同时存放			
7	装车（船、飞机）时野蛮作业			
8	运输车、船内无灭火器材			
9	筒（箱）弹在车（船、飞机）上的排放、朝向和固紧不符合规定要求			
在运输途中承受的自然环境				
10	公路运输：高温（干/湿）、低温、雨雪、砂尘、相对湿度、低气压等			
11	铁路运输：高温（干/湿）、低温、雨雪、砂尘、相对湿度、低气压等			
12	船运：高温（湿）、低温、盐雾、相对湿度、雨雪、临时浸水等			
13	空运：低气压、低温等			
14	勤务运输：高温（干/湿）、低温、雨冰雹雪、砂尘、相对湿度、雷电、盐雾、低气压、涉水等			
在运输途中承受的力学环境				
15	公路运输：路面冲击、路面振动、装卸冲击（跌落与翻倒）等			

续表

序号	危险检查项目	检查项目		备注
		存在	不存在	
16	铁路运输：铁路冲击、铁路振动、装卸冲击（跌落与翻倒）等			
17	船运：波浪冲击、波浪振动、装卸冲击（跌落与翻倒）等			
18	空运：飞行振动、着陆冲击、装卸冲击（跌落与翻倒）等			
19	勤务运输：路面冲击、路面振动、装卸冲击（跌落与翻倒）等			
产品在运输前后的安装与拆卸				
20	设备在运输途中的倒置、翻滚			
21	拆卸前未将连接电缆、接地线等断开			
筒（箱）弹、设备吊装				
22	吊具与筒（箱）弹连接后，指挥未对吊具连接情况做最后检查，没有确认连接正确后就指挥起吊			
23	起吊的总载荷超过吊装设备和吊具的额定载荷			
24	单钩起吊时，被吊设备或导弹质心不在吊点下方			
25	当筒（箱）弹吊离支撑物不大于 100 mm 时，指挥员未发出“停止”信号，未在确认导弹起吊状态正常、与起重机制动性能良好后再继续起吊			
26	筒（箱）弹吊装过程中超过手扶高度 1.8 m 发生晃动			
27	操作员与导弹之间的距离不符合安全要求			
28	设备、筒（箱）弹起吊后，有人员在其下面通过或停留			
29	吊装过程中没有制定防挤压、划伤、磕碰、防晃的防护措施			
30	装卸筒（箱）弹时，吊点未对准起吊标志			
31	装卸筒（箱）弹时，当筒（箱）弹接近或脱离支撑物时，吊车速度未减至最小而产生冲击			

续表

序号	危险检查项目	检查项目		备注
		存在	不存在	
32	产品或箱体装卸时受潮，不符合规定要求			
33	吊装作业在室外雷雨天气下进行，不符合规定要求			
34	当风速大于 10 m/s，未停止吊装工作			
35	吊装速度不符合规定要求（一般为升降速度不大于 8 m/min，运行速度不大于 6 m/min，回转速度不大于 1 r/min）			
36	微动速度不符合规定要求（升降速度不大于 1 m/min，运行速度不大于 2 m/min，回转速度不大于 0.1 r/min）			
37	筒（箱）弹装填作业在松软土地和沼泽地进行			
38	导弹装填设备不稳定而在装填过程中发生倾翻等情况			
39	起重机吊钩未设置保险装置			
40	吊具上未设锁紧装置			
41	火工品的安全跌落高度不满足要求			
42	未对相关火工品开展跌落试验等安全性考核			
二	作战使用			
战勤开机/战勤值班的自然环境和力学环境				
43	自然环境：高温（干/湿）、低温、雨冰雹、低气压、太阳辐射、风、雷电、盐雾、霉菌等			
44	力学环境：车辆发动机诱发的振动和噪声、发射时火箭发动机诱发的冲击和噪声等			
武器系统协同作战				
45	车辆处于展开调平状态时接通行驶驱动控制电路			
46	在进行阵地布局设计时，未规定装备之间的最小距离，无法避免各装备之间产生电磁或机械干扰			
47	布局不当影响对目标的探测和敌我识别			

续表

序号	危险检查项目	检查项目		备注
		存在	不存在	
允许发射条件				
48	导弹不满足以下条件时就发射： • 设置导弹安全射界，并确保只有当发射系统指向安全射界时； • 探测制导跟踪系统工作应正常，且未受到外界环境干扰； • 确保座舱盖或车门关好时才可发射			
强电流和电磁辐射				
49	微波电磁辐射超出了规定的技术条件			
50	未在武器系统技术说明书和使用维护细则中规定雷达天线启动高压后的安全区域，使人员处于辐射区域中			
51	对于所有电激励的辐射装置，操作人员和指挥员的控制台上未设置控制辐射输出和各种辐射特征的装置			
52	未设置天线/负载开关，无法对雷达进行维护时控制天线的电磁辐射			
53	未对强辐射作业区以及大功率辐射天线设置告警装置			
54	雷达加高压时未设置警示灯、声音等形式告知周围工作人员			
55	地面作战装备未采取防雷电设计措施，遭受直接雷电的强电流而损坏			
56	方舱及舱外电缆未采取防雷电设计措施，受到雷电伴生的强电磁脉冲而损坏			
57	强电磁场在装备天线端口和电缆端口耦合产生强电流和高压			
58	装备壳体搭接或接地不满足要求			
三	发射飞行			
误发射				
59	在显控台上未设置发射允许钥匙和带护盖的发射按钮			

续表

序号	危险检查项目	检查项目		备注
		存在	不存在	
60	发射时出现异常无法中断发射			
61	对高速串行数据通道、导弹供电电源参数等安全性关键功能或指标未实时监控			
62	导弹供电电路和导弹不可逆控制电路工作不可靠			
发射安全				
63	武器系统的作战半径不满足要求			
64	发射过程中，若发射平台出现不正常情况（如发射平台倾翻、导弹未弹出发射筒等），引起发动机不会点火、战斗部不会引爆			
65	在发射过程中，若出现故障，不能紧急断电以保证停止发射			
66	导弹发射后战斗部在规定的不允许爆炸区域内爆炸			
67	对垂直发射的导弹，发动机未点火跌落在发射车周围			
68	对垂直发射的导弹，导弹发动机尾焰对发射车上设备及附近地面装备造成损害			
69	对垂直发射的导弹，导弹在快速转弯段失控跌落在发射平台规定的安全距离内			
导弹自毁				
70	导弹不能通过引爆战斗部或其他方式进行自毁			
71	导弹自毁装置被敌方的对抗措施诱发			
72	导弹的自毁功能在不满足规定条件下执行，危及阵地安全			
四	飞行试验			
检查试验配套设备是否符合规定要求				
73	可移式电动工具：电钻、电锤，电喷枪，摇臂锯等			
74	大型电气设备：电性能测试设备，变配电站，车载电站等			

续表

序号	危险检查项目	检查项目		备注
		存在	不存在	
75	特种机械：航天产品对接、起竖机构，吊装起重机械操作，转运车辆等			
76	压力容器及管道：气源设备（乙炔气瓶、氧气瓶、液氮储罐等），液体推进剂输送、加注、转注或泄出装置，气体或液体的压力输送管道、管路等			
77	登高装置：航天产品专用工作梯（台），发射架（塔）等			
场地				
总装测试厂房				
78	无接地网，接地电阻不满足测试要求			
79	无防静电、防雷电措施和消防设备			
80	测控间和单元测试间的交流电源零线未与信号地线隔开			
81	总装间无防爆、泄爆措施			
82	总装间与测控间之间未设置隔爆墙			
发射阵地和场区				
83	发射阵地位于易受到洪水、大风等恶劣自然环境影响的危险区域			
84	发射阵地未设置防静电、防辐射、防雷电以及防爆、防燃等安全防护措施			
85	有人值守的标校设备未采取电磁防护措施			
86	发射阵地无消防设施			
87	发射阵地周围 200 m 内存放导弹或其他火工品			
88	导弹飞行试验航区的纵深和宽度不满足导弹的最大射程和最大航路捷径要求			
89	未将飞行试验区域划分为禁区、危险区、安全区			
90	安全自毁系统故障，使导弹和靶标落入安全区			
91	试验期间，除阵地操作人员及车辆外，其余参试人员及车辆未安置在安全区内			

续表

序号	危险检查项目	检查项目		备注
		存在	不存在	
92	航控点、搜索分队及残骸分析人员观察点的位置设置不当			
发射操作				
93	飞行试验时，操作未按规定实行双岗制（一岗操作，二岗监督和进行必要的辅助操作）			
94	操作手在装订参数时无专人进行核查确认			
95	导弹发射的准备、检测和发射，没有执行有关技术文件、操作口令表和试验安全操作规程			
96	在“清场”命令发出后，现场人员未迅速撤离到安全地带			
97	试验警报解除前阵地操作人员随意走出安全地带			
技术阵地试验前准备				
98	装配中未按规定进行多余物的控制和检查			
99	导弹接地不良			
100	火工品反向操作			
101	未按照规定的技术条件在导弹上进行电装焊接作业			
102	超过 36 V 电压、需要人工检测的检测点			
技术阵地试验前准备				
103	工作电压超过 500 V 的电路组合			
104	能产生 10 MHz～100 GHz 之间的微波和射频的测试设备			
105	综合测试设备接地不可靠			
106	测试电路瞬态过应力致使设备受损			
107	未按规定对导弹加电检测（如在导弹带战斗部的情况下对战斗部传爆系统通电检查，未确认导弹各项状态就对导弹进行通电检测）			
108	测试软件的版本			
发射阵地试验前准备				
109	高压气瓶压力超过上限值			

续表

序号	危险检查项目	检查项目		备注
		存在	不存在	
110	充气过程中在高压气瓶等警戒区内有无关人员			
111	开关舱口盖操作、设备调转、加高压的相关区域内有人			
112	各设备通风口不畅			
113	带电拉出或推入机柜组合、插拔组合的电路板			
114	在设备开机状态下伸入设备内部进行检查、维修等工作			
115	用湿手直接对供电系统设备进行操作			
116	未严格按照技术文件规定的要求操作（如设备首次启动前未确认电缆连接是否正确、接地电阻是否满足要求）			
117	技术状态改动较大后的首次进场在未通过评审验收前进行合练			
118	合练程序设置有误			
119	参加合练的系统和设备（如导弹、发射装置、发射控制系统、目标指示系统、地面保障系统、靶场技术保障系统、发射指挥系统、地面遥测站等）不满足正确性和协调性要求			
120	合练成功后未按规定技术条件冻结参试设备的技术状态			
武器系统对接联调				
对接前检查				
121	对于转场运输后的设备在正式联调前未确认各个接口的插头接插情况			
122	设备首次启动前，未确认电缆连接正确、接地电阻满足要求			
123	在启动设备前未确认开关初始状态设置正确			
124	参加联调的设备、仪器应检定合格不在规定的校验期内			
设备调转				
125	现场操作人员未熟知本岗位所有可能造成调转（或起竖）的操作以及紧急情况的处理措施			

续表

序号	危险检查项目	检查项目		备注
		存在	不存在	
126	有调转（或起竖）装置的参试设备未设有醒目标识，且回转半径不作明确标识			
127	调转现场无专人监管			
128	在调转（或起竖）前，在回转半径区域有障碍物或人员			
129	设备调转（或起竖）前，未设置警示牌或警戒线			
130	严禁人员或其他车辆在设备调转时未进入到回转半径区域内			
131	对可能产生的危险因素未制定必要的防范措施			
高压检查				
132	靠近高压处使用的工具无良好的电绝缘性能			
133	参试设备施加高压无专职人员控制			
134	多个装备的雷达同时加高压时，装备间的安全距离不满足频点设置、重复周期等电磁兼容的要求			
辐射防护				
135	高功率辐射源没有警示标识给出加高压的警示			
136	辐射源工作时不在联调现场明确标识安全区域和安全距离，保证避开人员密集区			
137	在高压辐射区域内工作的人员未按规定穿戴屏蔽服			
发射决策				
138	火控系统异常			
139	系统精度			
140	靶场技术保障系统故障			
141	靶标功能异常			
142	气象及海情条件异常			

续表

序号	危险检查项目	检查项目		备注
		存在	不存在	
143	应急处理预案未对紧急情况（如导弹发射失败、发射出去后导弹未引爆、导弹飞行偏离预定弹道威胁目标保护区、人员不慎落海等）制定有效措施			
144	试验前未按照应急预案进行演练			
试验设备撤收				
145	导弹未发射出去处理			
146	撤收顺序不当			
147	装备固定不牢靠			

5.2.1.5 输出结果

初步危险表分析的输出结果为对产品设计方案、使用和保障方案而识别出的所有危险。

5.2.2 初步危险分析

5.2.2.1 分析目的

初步危险分析的目的是初步识别、分析装备设计方案中的可能存在的危险，并进行初始的风险评价，确定安全性关键项目，并提出后续的安全性措施。

5.2.2.2 分析内容

型号初步危险分析至少应该考虑以下内容：

1）能量源，如推进剂、激光、爆炸物、火工品、有毒物质、腐蚀剂、危险材料、压力系统以及其他能量源等；

2）产品各组成部分及其与地面设施和设备之间的接口问题，如材料相容性、污染、电磁干扰、意外动作、火灾和爆炸的引发与蔓延、软硬件的综合控制等；

3）包括使用环境在内的环境约束条件影响，如坠落、冲击、振动、极限温度、噪声、接触有毒物质、空间限制、静电放电、着火、雷电、电磁环境影响、离子以及非离子辐射等；

4）产品可能涉及的操作、测试及试验、维修和应急规程，如操作过程及人为差错、设备布局和照明要求等因素的影响、噪声与辐射对人员行为的影响等；

5）航天产品涉及的保障设施和保障设备，如用于贮存、处理、装配、检测、验证那些具有危险的系统或组件所需的设施和设备，这些危险系统和组件可能包含有毒材料、可燃物、爆炸物、腐蚀性材料、低温流体、辐射、噪声、能量源等；

6）与安全性有关的设备、安全防护装置及其他可供选择的备选方法，如监视、联锁、系统冗余、硬件或软件的“失效—工作”和“失效—安全”设计、隔离保护，火灾检测和消防系统，人员保护设备，通风装置，噪声或辐射衰减装置等。

5.2.2.3　输入信息

初步危险分析的输入信息包括：

1）研制任务书、技术要求；

2）型号安全性工作计划；

3）方案报告、设计报告（描述装备在寿命期内各种功能和使用操作的功能框图及有关资料）；

4）相似装备的安全性历史资料，包括部件、材料及制造技术的有关安全性信息；

5）使用环境在内的环境约束条件影响的相关说明。

5.2.2.4　分析方法

分析首先从系统级开始，接着是分系统级、再到设备级，逐步自上而下进行分析。所分析的最低层次取决于当前阶段下可以获得信息的最低产品层次。

初步危险分析采用的格式很大程度上取决于所分析的系统或设备的复杂性、可用信息的种类、分析的深度，以及分析人员的习惯和经验等。初步危险分析表示例见表5-8。

表5-8 初步危险分析表

第　　页·共　　页

序号	系统、分系统或设备	任务阶段	危险说明	对系统影响	风险评价	建议的控制措施

编写		日期		校对		日期		审核		日期	

初步危险分析表的填表说明如下：

1）系统、分系统或设备：在该栏明确系统、分系统或设备的名称。

2）任务阶段：该栏说明对应危险事件发生时的任务阶段或工作过程，如“上升段”或“高压气体加注过程”等。由于危险可能随着环境的不同而变化，因此分析任务阶段还应考虑工作过程中的所有环境因素。

3）危险说明：对危险事件或事故的详细说明。如“导致起火或爆炸”等危险状况描述。

4）对系统影响：该栏说明由危险造成的各种有害影响。应说明在没有采取安全措施的情况下对人员及设备造成的伤害程度。

5）风险评价：该栏说明进行风险评价的相关内容。

a）在系统或设备设计开始之前进行初步危险分析，只要求确定危险严重性；

b）若在设计初期未能消除危险，则应根据所确定的危险的严重性和危险发生的可能性，填写危险的风险指数。

6）建议的控制措施：

该栏说明对消除或控制危险应采取措施的建议，应包括：

a）现役武器装备所用的安全措施；

b）某些标准文件所建议的或要求的安全措施。

需要说明的是，由于初步危险分析开展较早，可能存在所用的信息不完整或不正规的情况，所以初步危险分析应随研制进展而不断修改和完善。

5.2.2.5　输出结果

初步危险分析的输出结果可用于制定安全性要求，并作为确定安全性关键项目和制定安全性设计准则的依据。

5.3　系统危险分析

5.3.1　分析目的

随着装备研制的逐步具体与细化，在初步危险分析的基础上，进一步全面、系统地识别、评价和消除或控制可能存在的危险，提高装备的安全性。

系统危险分析通常早在装备设计已足够详细或方案阶段后期就可以开始进行，在装备各层次（如装备、系统、分系统、单机、设备、部件、组件等）全面展开，并随着设计的深入反复迭代，不断修改和完善直到确认装备的危险均得到消除或风险降低到可接受水平，安全性要求得到满足。系统危险分析还可以评价设计更改是否影响装备的安全性。

5.3.2 分析内容

系统危险分析应重点考虑两个方面内容：一方面是考虑系统、分系统及设备等的运行和失效是如何影响装备的；另一方面是考虑装备的运行和故障模式如何影响其系统、分系统或设备等的安全。具体分析重点考虑如下：

1）分析独立失效、关联失效或同时发生的危险事件，主要包括人为差错、单点故障、系统故障、安全装置故障及产品间相互作用导致的危险或增加的风险；

2）软件（包括由其他承制单位开发的软件）的正常工作、故障和其他异常情况对安全性的影响；

3）低层次产品危险对高层次产品安全性的影响及其控制措施；

4）会引起新危险的系统、分系统、接口、逻辑和软件的设计更改；

5）所有设备、分系统及系统之间的接口（包括人机接口），接口关系分类见表 5－9。

表 5－9 接口关系

序号	接口关系	说明	示例
1	物理关系	各分系统几何尺寸及机械结构的相互关系。每个分系统的设计及制造本身是良好的，而且单独试验时能够按要求正常工作。然而，当把各分系统组装成一个系统时，由于尺寸不匹配或其他结构问题，可能产生各种危险	因零部件间的间隙过小而导致维修时损坏其他零部件； 由于设计不当造成误接各种接头或连接器而导致危险； 分系统或零部件的安装位置不合理而造成系统的潜在危险等
2	功能关系	分系统的输入与输出之间的相互影响。一个分系统（或人员）的输出可能作为相接分系统（或人员）的输入，或者可能控制某接口分系统（或人员）的输出。若某分系统的输出异常或产生错误就可能损坏其他分系统或构成系统的潜在危险	某个分系统的零输出、输出不足、过高的输出、不稳定的输出和错误输出等都可能导致其他分系统或整个系统损坏或人员伤亡

续表

序号	接口关系	说明	示例
3	能量流关系	各分系统间的电、机械、热、核、化学或其他形式的能量的相互关系。当系统中这些能量失控时便会损坏设备、伤害人员	电力传输线的短路将会产生火灾； 燃油管道在高压下破裂或泄漏会引起火灾或爆炸； 有毒流体管道破裂或泄漏会造成人员伤亡； 发动机燃料管道泄漏会使燃料溅到热的排气管上而造成火灾等

5.3.3　输入信息

系统危险分析所需的输入信息包括：

1）初步危险分析报告。

2）故障树（FTA）、故障模式影响危害性分析（FME(C)A）等支持分系统危险分析的结果，包括：

a）从硬件 FME(C)A 结果可以获得的Ⅰ类和Ⅱ类故障模式清单、关键项目清单、单点故障清单及不能检测的故障清单；

b）从功能 FME(C)A 结果可以获得的Ⅰ类和Ⅱ类故障模式清单、关键项目清单等。

3）正常使用导致其他分系统或整个系统安全性降低的其他相关信息。

4）软件、人为差错和偶然事件对系统安全性的可能影响。

5.3.4　分析方法

系统危险分析在初步危险分析的基础上开展。系统危险分析使用的表格格式见表 5－10。

表 5－10　系统危险分析

第　　页·共　　页

设备或系统名称________________

所属上一级产品名称________________

型号________________　　研制阶段________________　　编号______

序号	代号	产品名称或功能	危险源	任务阶段	危险事件	原因	后果	严重性	可能性	风险指数	安全性改进措施		安全改进措施采取后			
											消除	控制	验证方法	严重性	可能性	风险指数
编写		日期		校对		日期		审核		日期						

系统危险分析表的填表说明如下：

1）代号：对于初步危险表已确定的危险源，填写对应的危险源编号，对于补充的危险源，应给出唯一的标识号。

2）产品名称或功能：被分析产品的名称或执行的功能。

3）危险源：被分析的产品或功能中已识别的危险源。

4）任务阶段：对应可能发生危险的任务阶段。

5）危险事件：对危险事件进行准确描述。

6）原因：鉴别并说明所确定的危险事件发生的原因。其中还应针对系统或人员会产生危险的独立或从属故障的各种可能组合，考虑控制装置和安全装置的故障原因。

7）后果：填写危险事件或事故发生后，对人员、相关设施和设备、任务、功能、环境等的破坏、损伤或潜在影响。

8）严重性：依据危险后果的描述，填写危险严重性等级。

9）可能性：估计危险事件在任务期间发生的可能性，填写危险可靠性等级。

10）风险指数：应用风险指数评价法，对危险进行风险评价，填写相应的风险指数。

11）安全性改进措施：确定危险风险指数后，确定是否需要采取安全性改进措施，包括消除措施和控制措施两类。其中：

a）消除措施是指通过更改设计方案、使用安全材料替代危险材料等方式，消除产品中原有的危险（源）所采取的措施；

b）控制措施是指在不能消除危险（源）的情况下，通过提高安全系数、采用冗余、增加安全装置或防护措施（如安全阀）等方式，降低危险发生的可能性或减弱其危害的措施。

12）验证方法：针对所采取或拟采取的安全性改进措施，记录验证其有效性的方式，并对验证活动进行必要的说明。

13）安全改进措施采取后：在设计中采取了安全性改进措施并验证有效后，应重新评价严重性、可能性并确定危险风险指数，以明确安全性改进措施的实施效果，为后续的安全性工作和工程决策提供依据。

系统危险分析的填写示例见表 5－11。

5.3.5　输出结果

系统危险分析输出结果为安全性分析报告，主要内容包括：

1）系统危险分析表；

2）安全性关键项目清单（产品、功能、规程）；

3）针对安全性关键项目已采取或拟采取的安全性改进措施，以及措施效果的说明。

表 5－11　系统危险分析表填写示例

第　　页·共　　页

系统名称　导弹系统

研制阶段　独立回路弹阶段　　　　编号____

序号	产品名称或功能	危险源	任务阶段	危险事件	原因	后果	严重性	可能性	风险指数	安全性改进措施		采取安全改进措施后			
										消除	控制	验证方法	严重性	可能性	风险指数
1	电动舵机	舵机上电后在未解锁时发送舵指令	舵系统测试	偏转精度不满足要求	人为因素（操作失误）	舵机烧毁	Ⅲ	D	14	有相关文件规定正确的操作和监控供电电流	控制操作流程和对操作人员进行培训	试验	Ⅳ	E	20
2	主发动机	发火管误发火	发射	发火管误点火	误给点火信号	主发动机点火提前引爆	Ⅱ	D	10	设置初始状态检查的安全电路		发动机静止试验	Ⅳ	E	20
3	保险和解除保险（安全执行机构）	电子定时电路受电磁干扰	发射后安全距离内飞行阶段	延期起爆信号误输出	复杂的电磁环境（环境因素）	过早解除保险，产品安全性下降	Ⅳ	D	19	无	加强抗电磁兼容性设计	电磁兼容性试验	Ⅳ	E	20

续表

序号	产品名称或功能	危险源	任务阶段	危险事件	原因	后果	严重性	可能性	风险指数	安全性改进措施		采取安全改进措施后			
										消除	控制	验证方法	严重性	可能性	风险指数
4	弹上电池	弹上电池激活建压不正常	飞行	导弹飞偏	电池故障导致安控系统故障，导弹无法完成自毁（自身有故障而导致有接口关系的产品发生危险） 某一分系统正常运行可能引起另一分系统或整个系统的安全性下降	导弹不能自毁飞行不受控	Ⅱ	B	5	冗余设计	加强地面检测手段	无	Ⅳ	E	20

编写		日期		校对		日期		审核		日期	

5.4　使用与保障危险分析

5.4.1　分析目的

对以下活动进行使用与保障危险分析，包括：装备部署、安装、装配、试验、使用、维修、运输、贮存、改装、退役和处理，从而确定上述过程中与环境、人员、规程和设备有关的危险；确定为消除已判定的危险或将其风险降低至可接受水平所需的安全措施，为评价和改进使用、维修方案提供依据。

使用和保障危险分析应在试验前或在工程研制试样阶段形成使用与维修保障方案后开始，并在后续各寿命周期阶段中不断修改完善。由于该项分析直接关系到系统运输、贮存、维修、使用等安全性问题，所以在使用阶段中系统所作的任何改进，一定要进行分析，以确定改进后是否引入了危险。

5.4.2　分析内容

使用和保障危险分析主要是识别并评价由人员操作、执行任务或实施保障等过程中存在的危险。为保证安全、降低和控制使用风险，使用和保障危险分析从系统的角度，针对上述过程提出安全性控制要求和改进措施建议。在产品使用操作规程确定后，使用和保障危险分析可对其安全性进行分析和评价，识别安全性薄弱环节和关键项目，为实施改进提供参考和建议。

使用和保障危险分析的对象是具有明确操作规程的各项工程活动。

结合已完成的安全性分析结果和工程信息，使用和保障危险分析可以识别这些工程活动中可能发生的危险事件和事故，评价危险风险，并提出将风险降低到可接受水平所需要的安全性要求和控制措施。

分析应该重点明确以下内容：

1）需在危险环境下完成的工作、工作时间及其将风险降到最低所需的措施；

2）为消除、控制或降低相关风险，对装备软硬件、设施、工具及试验设备在功能或设计要求方面进行的更改；

3）对安全装置和设备提出的要求，包括人员安全和生命保障设备等；

4）警告、告警或专门的应急规程（如出口、营救、逃生、废弃安全、爆炸性装置处理、不可逆操作等）；

5）危险材料的包装、装卸、运输、贮存、维修和报废处理要求；

6）安全性培训和人员资格的要求；

7）与其他系统部件或分系统相关联的非研制硬件和软件的影响；

8）操作人员可控制的危险状态。

5.4.3　输入信息

使用与保障危险分析需要以下信息：

1）装备、保障设备和设施的说明；

2）保障规程的操作手册；

3）初步危险分析报告、系统危险分析报告；

4）有关要求、约束条件和人员能力要求；

5）经验教训，包括由人为差错引起灾难事故的历史资料。

5.4.4　分析方法

根据不同的分析目的，使用和保障危险分析通常划分为两个阶段。

第一阶段用于分析按照使用规程进行操作所发生的危险。依据已确定的安全性要求和安全性分析结果（包括初步危险表、初步危险分析、系统危险分析），针对武器装备的研制、使用、维修过程中的各项活动开展危险分析，从而证实执行某个操作和保障规程中发生操作人员伤亡和设备损坏的概率最小。

第二阶段用于分析由于意外事件、人为差错等原因而偏离规程所发生的危险。针对所确定的使用、维修规程，考虑可能发生的偏差和意外情况，分析其可能发生的危险事件和事故，研究对应的安全性措施并评价危险风险和安全性，从而为工程管理和决策提供参考。

5.4.4.1　第一阶段分析

第一阶段分析采用的表格格式见表 5-12。

表 5-12　使用和保障危险分析表（第一阶段）

第　　页·共　　页

产品名称（系统/分系统/设备）________________

任务名称________________　　　　编号______

序号	规程编号	步骤说明	危险源	危险事件	原因	后果	严重性	可能性	风险指数	安全措施

编写		日期		校对		日期		审核		日期	

第一阶段使用和保障危险分析表格的填写说明如下：

1）规程编号：在分析某一具体作业时，首先是把它分解成几个基本步骤。按照“报告名称+章节号”的形式填写对应的某个基本步骤。

2）步骤说明：简要描述每个步骤或活动要做什么工作并记录于该栏内。

3）危险源：在检查步骤的过程中确定由完成该步骤过程中的潜在危险源。包括以往安全性分析已经确定的危险源、新补充的危险源。填写对应的危险源名称。从以下方面考虑新补充的危险源：

a）设计师提出操作一台具体设备的方案有关的危险源；

b）当按设计师的方案操作设备时，操作人员或其他人员是否会遇到危险；

c）在执行使用和保障规程过程中设备故障或人为差错可能导致的危险。

（如果没有，在此栏内以“/”注明。）

4）表中其他部分内容的填写及注意事项见 5.3.4 节。

使用和保障危险分析表（第一阶段）的填写示例见表 5-13。

表 5-13 使用和保障危险分析第一阶段规程分析示例

第　　页·共　　页

产品名称（系统/分系统/设备）箱弹

任务名称 贮运发射箱补气　　　　编号______

序号	规程编号	步骤说明	危险源	危险事件	原因	后果	严重性	可能性	风险指数	安全措施
1	《XX导弹使用维护说明书》6.3.1第a）条	精密压力表调零	/	/	/	/	/	/	/	/
2	《XX导弹使用维护说明书》6.3.1第b）条	环境参数测定	/	/	/	/	/	/	/	/
3	《XX导弹使用维护说明书》6.3.1第c）条	管路连接	加注管路连接口漏气	氮气在加注过程中泄漏	管路连接的密封性差，氮气泄漏	泄漏的过量氮气会使人窒息，甚至死亡	Ⅰ	C	4	1）补气前应保证设备对接正确，管路连接可靠、密封不漏 2）设备连接好后，还应进行加注全系统气密检查

续表

序号	规程编号	步骤说明	危险源	危险事件	原因	后果	严重性	可能性	风险指数	安全措施
3	《XX 导弹使用维护说明书》6.3.1 第 c）条	管路连接	加注管路连接口漏气	氮气在加注过程中泄漏	管路连接的密封性差，氮气泄漏	泄漏的过量氮气会使人窒息，甚至死亡	Ⅰ	C	4	3）作业现场应通风良好并设置浓度报警器
4	《XX 导弹使用维护说明书》6.3.1 第 d）条	拧下发射筒充气嘴上的堵帽并充气	高压氮气瓶	高压氮气瓶爆炸	压力容器的压力在使用过程中超出规定承受值	人员伤亡	Ⅰ	D	8	1）氮气在瓶中的装量，不得大于容积的 90%； 2）平时应按 GJB 2253 的合格氮气进行增压保护
5	《XX 导弹使用维护说明书》6.3.1 第 e）条	关紧进气阀并关闭气源	/	/	/	/	/	/	/	/
6	《XX 导弹使用维护说明书》6.3.1 第 f）条	使充气接嘴和发射筒充气嘴脱离，旋紧充气嘴堵帽	/	/	/	/	/	/	/	/

编写		日期		校对		日期		审核		日期	

5.4.4.2 第二阶段分析

第二阶段分析采用的表格格式见表5-14。

表5-14 使用与保障危险分析表（第二阶段）

第 页·共 页

产品名称（系统/分系统/设备）________________

任务名称________________ 编号______

序号	规程编号	步骤说明	可能发生的意外	意外引入的危险源	危险事件	原因	后果	严重性	可能性	风险指数	安全措施

编写		日期		校对		日期		审核		日期	

第二阶段使用和保障危险分析表格的填写说明如下：

1）可能发生的意外：填写规定工作或步骤中可能发生的意外情况。分析考虑的意外情况至少包括以下内容：

a）遗漏或未执行规定的工作内容或步骤；

b）部分遗漏或未完全执行规定的工作或步骤；

c）执行规定工作或步骤时过程参数偏离规定范围，包括向上或向下偏离；

d）执行规定工作或步骤时，附带了其他未要求的活动；

e）执行规定工作或步骤时，发生与规定要求相反的误操作，例如，将“向左旋转”误操作为“向右旋转”；

f）未执行规定的工作内容或步骤，而执行了其他未要求的活动，例如，将“关闭照明”误操作为“关闭电源”。

2）后果：填写偏差和意外情况发生时可能导致的危险事件及其

后果。

3）安全措施：针对引发危险事件的偏差和意外情况，提出安全性改进措施建议。内容包括：

a）避免偏差和意外情况的措施：填写防止偏差和意外情况发生的措施，如防错设计、限位装置等；

b）控制偏差和意外情况后果的措施：填写当偏差和意外情况发生时，控制其危险后果的措施，如安装保险装置、增加防护设施等；

c）警告和注意事项标注说明：填写用于提醒和警示操作人员的警告和注意事项的标注说明，包括标注的位置、方式和内容等。

4）表中其他部分内容的填写及注意事项见 5.3.4 节。

第二阶段使用和保障危险分析表格的填写示例见表 5－15。

5.4.5 输出结果

使用与保障危险分析输出结果如下：

1）针对使用和维修保障过程，细化、补充安全性关键项目清单；

2）根据研制进展和工程需要完成分析对象的安全性分析报告。

5.5 职业健康危险分析

5.5.1 分析目的

通过职业健康危险分析确定有害健康的危险并提出保护措施，从而将健康风险降低至可接受水平。

需要说明的是，职业健康危险分析不是要求按健康防护来决定装备的设计，而是保证决策人员了解装备中的健康危险及其影响，以权衡出合理的决策。

表 5－15 使用和保障危险分析第二阶段规程分析示例

第　页·共　页

产品名称（系统/分系统/设备）箱弹

任务名称 贮运发射箱补气　　编号______

序号	规程编号	步骤说明	可能发生的意外	意外引入的危险源	危险事件	原因	后果	严重性	可能性	风险指数	安全措施
1	《XX导弹使用维护说明书》6.3.1第a）条	精密压力表调零	/	/	/	/	/	/	/	/	
2	《XX导弹使用维护说明书》6.3.1第b）条	环境参数测定	/	/	/	/	/	/	/	/	
3	《XX导弹使用维护说明书》6.3.1第c）条	管路连接	在充气过程中连接的软管松脱	氮气在补气过程中溢出	氮气从松脱的软管接口处溢出	氮气输送管路松脱，氮气从软管中溢出	泄漏的过量氮气会使人窒息，甚至死亡	I	C	4	1）设计锁紧装置 2）软管连接后应通过锁紧装置锁紧

续表

序号	规程编号	步骤说明	可能发生的意外	意外引入的危险源	危险事件	原因	后果	严重性	可能性	风险指数	安全措施
4	《XX导弹使用维护说明书》6.3.1 第d）条	拧下发射筒充气嘴上的堵帽并充气	进气阀功能异常	管道承受高压	管路破裂，氮气外泄	进气阀的阀门流通面积不满足要求，气体输送不畅	泄漏的过量氮气会使人窒息，甚至死亡	Ⅱ	D	10	1）进气阀门的设计应使特性曲线无驼峰 2）加注使用的软管应无破损、无伤痕、无变形
5	《XX导弹使用维护说明书》6.3.1 第e）条	关紧进气阀并关闭气源	/	/	/	/	/	/	/	/	
6	《XX导弹使用维护说明书》6.3.1 第f）条	使充气接嘴和发射筒充气嘴脱离，旋紧充气嘴堵帽	/	/	/	/	/	/	/	/	
编写		日期		校对		日期		审核		日期	

5.5.2 分析内容

职业健康危险分析应重点明确以下内容。

1）对有害材料的分析，应包括：

a）确定有害材料的名称和货号，受影响的部件和规程，装备中这类材料的数量、特性和浓度及与该材料有关的原始文件；

b）确定有害材料能被身体器官吸入、摄入或吸收的条件，分析其对人的健康造成的威胁，以便采取改进措施；

c）说明有害材料的特征和确定基准数量及危险等级，检查急性、慢性健康危害、致癌作用、接触情况、易燃性和环境危害等；

d）估计每种有害材料在每道工艺或每个部件中的使用率，确定其对子系统、系统和装备的影响；

e）推荐对已确定的各种有害材料的处理方法。

2）分析产品的操作、维护、运输和材料的使用中可能导致人员死亡、损伤、急慢性疾病、残疾、职业病或使人产生心理压力而降低工作能力的状态，从以下方面进行考虑：

a）化学危险（易燃、易爆、腐蚀、有毒、致癌、窒息、呼吸刺激物等）；

b）物理危险（如噪声、冷热应力、离子辐射或非离子辐射等）；

c）生物危险（如细菌、病毒等）；

d）人机工效危险（如提升要求、工作强度等）；

e）防护装置（如通风、噪声衰减、辐射屏蔽等）失效危险。

5.5.3 输出结果

职业健康危险分析输出结果如下：

1）针对职业健康危险分析，细化、补充安全性关键项目清单；

2）完善分析对象的安全性分析报告。

5.6 危险分析实施要点

5.6.1 危险源辨识是危险分析的核心

很多情况下发生事故是由于设计人员没有系统分析危险的经验，只能看出直接显露的危险源，而不能辨识隐藏的危险源。残酷的经验教训告诫着设计师，安全的源头是设计。为保证系统安全，就必须首先辨识出系统中可能存在的危险源。武器系统中存在的危险源将直接或间接威胁着装备、周围环境甚至是人员安全。如果危险源在研制过程中不能及时得到辨识，将在一定条件下发展、转化，带来灾难性的后果。

因此，为了保证导弹武器系统安全发射、无误发射，产品设计师应做到识别、评价并消除系统寿命周期中可能存在的危险或将风险降低到可接受的水平，使用新技术、新材料、新工艺时，应进行充分论证与验证，确保风险可控。

由此可见，武器系统危险识别是危险分析的一项重要内容，应贯穿于方案阶段、工程研制阶段与定型阶段，并随着产品设计的深入而持续迭代进行，直到确认的危险源均得到消除或风险降低到可接受水平。

5.6.1.1 危险的主要来源

危险的主要来源包括四大方面：产品自身的危险、人为差错、设备故障以及有害环境。对这四类危险来源的说明如下。

(1) 产品自身的危险

产品自身的危险来源包括：产品中或产品使用的材料中的固有危险、设计缺陷、制造缺陷等。如：

1）产品中的锐边、棱角、尖端，如果设计人员给出了规定，但未引起工艺、制造人员的注意，则属于制造缺陷引入的危险源；

2）如果产品中采用了爆炸物、可燃气体或液体、毒性物质等这类材料，或者产品使用中需要接触这类材料，则属于材料固有危险引入的危险源。

（2）人为差错

不论科技多么发达，事故都可能因为人为差错发生。对于使用或维修设备时的人为差错造成的危险也是屡见不鲜的，所以应予以足够的重视。如：

设计人员没有规定产品中的锐边、棱角、尖端这些危险必须被消除，这就是设计人员差错引入的危险源。

（3）设备故障

设备故障作为危险源的前提是该设备正常工作，而设备的正常工作也是保证系统安全的关键，若该设备发生故障，将使系统处于危险状态。如：

如导弹发射时，发动机可能故障而熄火，则发动机故障是系统的危险源。

（4）有害环境

很多自然环境和诱发环境都可能造成灾难性的后果，这些有害环境是系统的危险源。应从全寿命周期内遇到的小概率极端气候环境、与设计环境不同的使用环境、外界环境作用于产品装载平台产生的局部微环境等方面展开分析，辨识有害环境。如：

案例 1：某导弹原生产国地处沙漠，从未发生过导弹热电池受潮误点火问题，但在我国南方，曾多次发生因发射架与导弹相连的接头不密封，雨水渗进，造成电路短路而使得导弹误点火。

案例 2：我国某型战车，因海洋环境腐蚀在军事演习中逃生口锈死，造成人员伤亡；我海军 4 条鱼雷快艇在一次战斗中埋伏在浙江某海岛附近一星期，其中一艘快艇因腐蚀和海洋微生物附着生长而无法再次启动执行任务，造成严重危险。

案例 3：B-2 轰炸机坠毁，经济损失 14 亿美元。2008 年 2 月 23 日，一架 B-2 隐形轰炸机自关岛基地起飞后不久即坠毁。视频记录了飞机的坠毁过程。经调查，了解到是由于潮湿导致机上飞行控制系统数据紊乱，使得飞机猛然抬头急升，造成空中熄火从而坠毁。这是史上损失最大的飞行事故，所幸两名飞行员最终都成功跳伞逃生。

5.6.1.2 导弹武器系统常见危险源

导弹武器系统危险源包括火工类、机械类、温度类、电气类、电磁类、压力类、生化类、环境类及其他。

（1）火工类

战斗部、发动机、弹射装置、电点火器、安全执行机构、燃气发生器、助推器等。

（2）机械类

1）尖角、锐边、粗糙表面；

2）零部件及材料碎屑：发射筒（箱）抛盖碎片等；

3）设备之间或设备与人的冲撞：导弹与发射平台干涉、大转动惯量装置转动干涉等；

4）承载结构件失效：吊装用的链条或钢丝绳断裂等；

5）机械防护缺陷：未提供防护装置的运动部件、缺少锁定/联锁装置等。

（3）温度类

1）高温设备或物质：燃气轮机工作时的高温排气、发动机点火后的高温气流等；

2）低温物质：液氮、液氢、液氧等液体推进剂的泄漏等；

3）热扩散能力不足或冷却系统故障：电机过热、减速器过热等。

（4）电气类

1）与有源电路的意外接触：触摸裸露导体、不良绝缘体、电气工具或装置安装有误等；

2）电路短路：绝缘体老化、污染物、电路受潮、错误搭接等；

3）导体之间的气孔：开关、继电器、断路器等的开路、电弧焊等；

4）静电荷积聚放电：含能燃料（如复合固体推进剂）在静电激励下爆炸、未采取有效防护措施的静电敏感设备或器件等；

5）电路过载：雷击、电源故障、电源脉冲使保险丝开路等。

（5）电磁类

1）电磁环境：微波天线辐射、射频辐射、超高压电场、强激光等；

2）电离辐射：空间带电粒子（X 射线、β 射线、粒子、质子、中子、高能电子束等）、γ 射线等。

（6）压力类

1）过量增压：承受高压的压力容器及管道爆炸（如液体燃料输送管路、液态燃料储罐），经受最大压力波动的压力敏感设备爆炸（如超出规定压强的姿控发动机燃烧室）等；

2）减压：无减压阀或通气孔、减压阀或通气孔故障、减压不足等；

3）正常压力：压力容器或管道老化、接头故障或松脱、连接不牢、性能不良的约束装置等。

（7）生化类

1）自燃性物质：铍粉、锆粉、锌粉等；

2）有毒物质：氰化钠、甲基肼、偏二甲基肼、四氧化二氮等；

3）腐蚀性物质：发烟硝酸、盐酸、硝酸等；

4）危险化学反应：燃料与氧化剂同时泄漏、相溶性的两种或多种材料相接触等；

5）化学污染：油、化学处理剂或有毒物质储罐的冲液/冲水、发动机燃油溢出等。

（8）环境类

1）自然环境：高温、低温、低气压、湿热、盐雾等；

2）力学环境：冲击、加速度、振动、噪声等；

3）空间环境：热真空效应等。

（9）其他类

软件安全、潜在状态等。

5.6.1.3 危险源辨识程序

（1）危险源辨识前准备工作

在导弹武器系统危险源辨识前进行相应的准备工作，主要包括：

1）明确产品层次与功能组成；

2）明确产品全寿命周期的寿命剖面、任务剖面和环境剖面。

（2）识别危险

参考相似产品的安全性历史经验数据以及安全性设计准则等标准规范（工程经验法），采用相应的技术方法，如 FME（C）A 法、事件树分析（ETA）法等，综合考虑硬件、软件、环境及使用与维修规程等因素，识别导弹武器系统在全寿命周期中所有可能存在的危险。主要包括：

1）在装备研制早期，初步识别装备设计方案中可能存在的危险，如具有危险特性的功能、产品、材料以及有害环境等危险源；

2）随着装备研制进展，进一步识别产品在使用和试验过程中由于故障或功能异常、执行任务、人员操作或实施保障等导致的危险；

3）参照 GB/T 13861 和 QJ 3299 识别导弹武器系统生产阶段的危险源。

（3）形成危险源清单

分析每个危险的原因及后果，确定其危险严重性和危险可能性，在此基础上形成危险源清单。危险源清单格式示例见表 5-16。

表 5-16　危险源清单格式（示例）

系统（分系统）名称：________________

研制阶段：________________　　　　　　第　　页·共　　页

序号	产品名称或功能	任务阶段	危险源	危险事件	原因	后果	危险严重性等级	危险可能性等级	风险指数

危险源清单填写说明如下：

1）产品名称或功能：填写产品名称或其功能。

2）任务阶段：填写危险是在运输、贮存、作战使用、发射飞行、维护维修、试验以及生产等哪个阶段，也可填写上述阶段的子阶段（如测试）；

3）危险源：填写识别出的危险源；

4）危险事件：对危险事件发生过程的具体描述；

5）原因：说明危险事件发生的原因；

6）后果：说明危险事件发生后，对人员、相关设施和设备、任务、功能、环境等的破坏或损伤的影响；

7）危险严重性等级：依据危险后果的描述，参照本书 1.2.6 节确定危险的严重性等级；

8）危险可能性等级：针对每个危险事件或事故，参照本书 1.2.7 节确定危险发生的可能性；

9）风险指数：根据危险严重性和可能性等级确定风险指数。

危险源清单（示例）见表 5-17。

表 5 - 17　危险源清单填写示例

系统（分系统）名称：导弹系统

研制阶段：方案阶段　　　　第 1 页 · 共 1 页

序号	产品名称或功能	任务阶段	危险源	危险事件	原因	后果	危险严重性等级	危险可能性等级	风险指数
1	安全执行机构	战备值班	安全执行机构意外解锁	战斗部提前引爆	电磁干扰	导弹误炸，威胁载舰安全	Ⅰ	D	8
2	发动机	发射	发动机点火	发动机尾焰触及雷达天线	发动机空中点火高度设计不当	威胁雷达的安全	Ⅰ	D	8
3	惯性测量装置	发射	惯性测量装置测量精度降低	惯性测量装置输出精度降低	器件性能退化造成参数漂移	发射任务失败	Ⅱ	E	15

5.6.1.4　危险源辨识方法

（1）工程经验法

目前型号上主要采用工程经验法（又称危险因素检查表法）来辨识导弹武器系统全寿命周期的危险源。工程经验法所参考的内容包括相似产品的安全性历史经验数据以及安全性设计准则等标准规范。

（2）故障模式、影响及危害性分析法

① 方法介绍

故障模式、影响及危害性分析（FME(C)A）是由故障模式及影响分析（FMEA）和危害性分析（CA）所组成。危害性分析是故障模式及影响分析的补充和扩展，只有进行故障模式及影响分析，才能进行危害性分析。FME(C)A 是用来分析产品中所有可能产生的故障模式及其对其产品所造成的所有可能影响，并按照每一个故障模式的严酷度及其发生概率予以分类的一种自下而上进行归纳的分析技术。

FME(C)A 是一种有效的安全性分析方法，一般在关键产品上应用。用于辨识系统故障、安全装置故障、单点故障以及接口相互作用导致的危险，从而制定有效的改进措施，以提高产品的安全性水平。

为了保证能够确定所有的潜在故障模式以及评价这些模式对分系统和系统的安全性影响，FME(C)A 以填表的方式进行。

安全性分析的 FME(C)A 表见表 5-18。

安全性分析的 FME(C)A 表的填表说明如下。

（a）最终影响

需要补充最终的安全性后果，尤其应把人员安全的影响考虑进去。

（b）严重性

危险严重性等级分为Ⅰ类、Ⅱ类、Ⅲ类和Ⅳ类。按照 GJB/Z 1391-2006《故障模式、影响及危害性分析指南》确定危险严重性等级如下：

表 5-18　安全性分析的 FME（C）A 表

初始约定层次________　任务________　审核________　第____页　共____页

约定层次________　分析人员________　批准________　填表日期________

序号	产品或功能标志	功能	故障模式	故障原因	故障影响			检测方式	可能性	是否单点故障	严重性	风险指数	设计改进措施	使用补偿措施	备注
					局部影响	高一层次影响	最终影响								

1）Ⅰ（灾难的）：人员死亡或武器系统毁坏报废；

2）Ⅱ类（严重的）：人员严重伤害、严重职业病或系统损坏；

3）Ⅲ类（轻度的）：人员中等受伤、轻度职业病或系统中等损坏；

4）Ⅳ类（轻微的）：轻于Ⅲ级的损伤。

（c）是否单点故障

如果该故障将引起上层产品的故障，且没有冗余或替代的工作程序作为补救，则填写“是”；反之填写“否”。

（d）可能性

危险严重性等级分为 A 级、B 级、C 级、D 级、E 级共五个级别。按照 GJB/Z 1391 - 2006《故障模式、影响及危害性分析指南》确定危险可能性等级如下：

1）A 级（频繁发生）：在产品工作期间内某一故障模式的发生概率大于产品在该期间内总的故障概率的 20%；

2）B 级（很可能发生）：在产品工作期间内某一故障模式的发生概率大于产品在该期间内总的故障概率的 10%，但小于 20%；

3）C 级（偶然发生）：在产品工作期间内某一故障模式的发生概率大于产品在该期间内总的故障概率的 1%，但小于 10%；

4）D 级（很少发生）：在产品工作期间内某一故障模式的发生概率大于产品在该期间内总的故障概率的 0.1%，但小于 1%；

5）E 级（不可能发生）：在产品工作期间内某一故障模式的发生概率小于产品在该期间内总的故障概率的 0.1%。

（e）风险指数

根据可能性、严重性来确定，详见本书 1.2.8 节。

② 分析步骤

FME（C）A 的分析步骤如图 5 - 1 所示，具体每个分析步骤的详细内容见 GJB/Z 1391。

③ 分析示例

FME（C）A 分析填写示例见表 5 - 19。

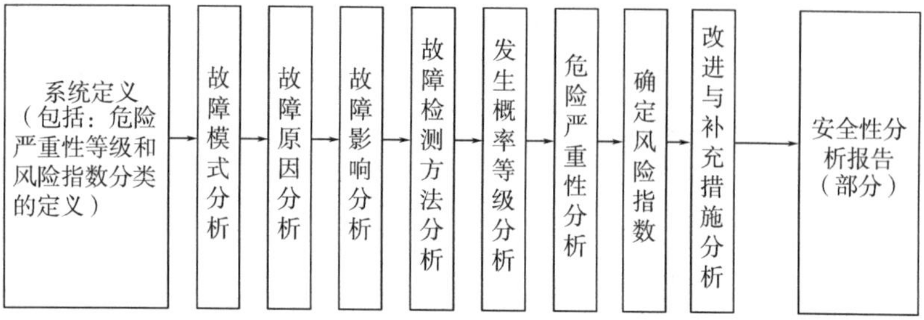

图 5－1　FME(C)A 的分析流程

通过分析，得出危险源辨识结论如下：

1）“安全执行机构意外解锁”的风险指数为 8，属于不可接受的故障模式。应采取安全性设计措施，消除“安全执行机构意外解锁”故障模式；

2）“发射前舵面未锁定”的风险指数为 17。因此，应通过评审决定该故障模式是否可接受。

（3）事件树分析法

① 方法介绍

事件树分析（ETA）是一种逻辑演绎法，分析给定初因事件可能导致的各种事件序列结果，从而定性或定量的评价系统的特性。该方法是从原因到结果的归纳分析方法：从一个初因事件开始，按照事故发展过程中事件出现与不出现，交替考虑成功与失败两种可能性，然后把这种可能性又分别作为新的初因事件进行分析，直至分析最后结果为止。ETA 方法既可以定性地了解整个事件的动态变化过程，又可以定量计算出各阶段的概率，最终了解事故发展过程中各种状态的发生概率。

该方法的关键是编制事件树。事件树由初因事件、若干环节事件和后果事件组成。初因事件是可能引发系统安全性后果的事件，可能来自产品或系统内部故障或外部的正常或非正常事件，分析时根据不同的产品或系统而定。在初因事件发生后，可能相继发生其他事件，这些事件可能是系统功能设计中所决定的某些备用设施或安全保证设施的启用，也可能是系统外部正常或非正常事件的发生。环节事件是按一定顺序发生的。

表 5－19　导弹 FME(C)A 分析（示例）

初始约定层次　导弹　任务　作战　审核________　第 1 页共 1 页

约定层次　导弹分系统　分析人员________　批准________　填表日期：________

序号	产品或功能标志	功能	故障模式	故障原因	故障影响			检测方式	可能性	是否单点故障	严重性	风险指数	设计改进措施	使用补偿措施	备注
					局部影响	高一层次影响	最终影响								
1	安全执行机构	在到达飞行近界前解除保险，引爆战斗部	安全执行机构意外解锁	电磁干扰	误输出起爆信号	引战系统引爆	导弹误炸	对安全执行机构保险状态检查	D	是	Ⅰ	8	加强电磁兼容性设计	加强装弹前安全执行机构技术状态管理和保险状态检查	
2	舵机	实现导弹姿态调转	发射前舵面未锁定	锁钉没锁住	舵面未锁定	控制系统异常	导弹发射任务延迟	地面自检	E	否	Ⅲ	17	强化舵面锁定设计措施	试验验证	

事件树示意图如图 5－2 所示。图中，从初因事件开始，按事件发生过程，自左向右绘制事件树，分析各环节事件“成功（正常）”或“失败（失效）”的发展变化过程，用树枝代表事件发展趋势，预测严重灾难性后果，作为事件树的后果事件。

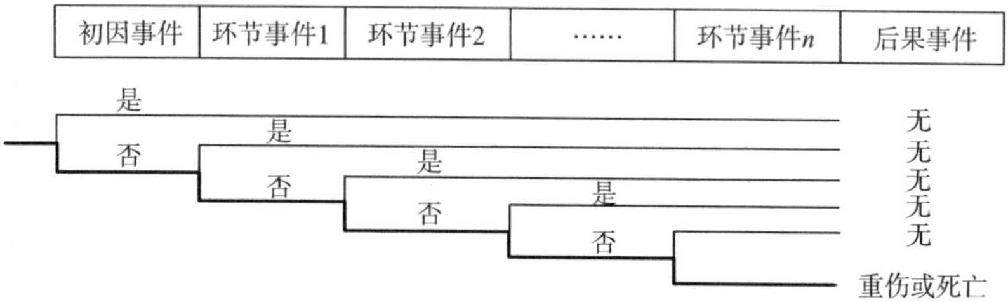

图 5－2　事件树示意图

② 分析步骤

事件树分析的主要步骤如下：

1）确定分析对象。

2）初因事件分析。初因事件是事故在未发生时，其发展过程中的危害事件或危险事件，如机器故障、设备损坏、能量外逸或失控、人的误操作等。可以用两种方法确定初因事件：

a）根据系统设计、系统危险性评价、系统运行经验或事故经验等确定；

b）根据系统重大故障或事故树分析，从其中间事件或初始事件中选择。

3）环节事件分析。分析从初因事件经过各环节事件的状态，绘制事件树。在建立事件树的过程中，可能会遇到一些与初因事件或与事故无关的安全功能，或者其功能关系相互矛盾、不协调的情况，需用工程知识进行事件树的简化。

4）生成事件链。事件树的各分支代表初始事件一旦发生其可能的发展途径。从事件树可以看出，后果事件是一系列包含危害和危险对应的环节事件相继发生的结果。从初因事件出发依次提取环节事件，最终生成导致事故发生的事件链。

事件链为如何采取措施预防事故的发生提供了指导。如果中断事件链的发展过程，就可以避免事故发生。因此，在事故发展过程的各阶段，应采取各种可能措施，控制事件的可能性状态，减少危险因素发生概率，把事件引向安全的发展路径。阻止事件向危险状态转化的措施，最好落实在事件链早期。但是，有时候由于技术等原因无法实现，这时就需要在事件发展后期过程中采取控制措施。在某些情况下，针对重大危险源而采取的安全控制措施可能并不唯一，需要同时对初因事件或其中的某些环节事件采取不同的安全措施。

③ 分析示例

现以箱弹起竖装填为例，说明事件树分析（ETA）的具体过程。

1）分析对象：箱弹起竖装填。

2）初因事件分析：在箱弹装填时，前对接轴销未插入装填定位座，锁定无效。

3）环节事件分析：从初因事件出发，按事件发展过程自左向右绘制事件树，对每一个环节事件是否发生进行逻辑决断，用树枝代表事件发展路径。分析到箱弹砸伤人员这一严重伤人事故结束。如图 5－3 所示。

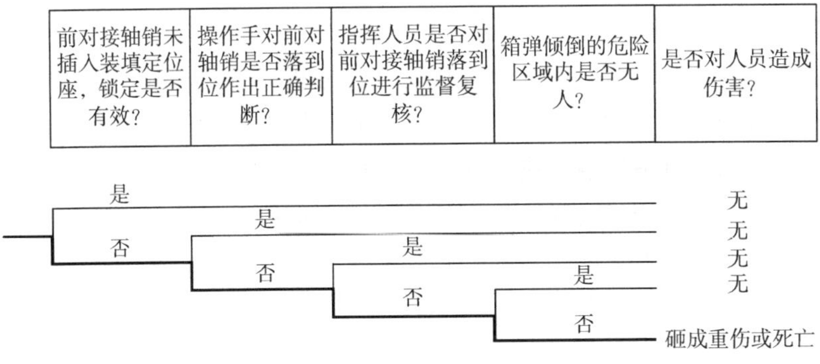

图 5－3　箱弹起竖伤人事件树分析

4）生成事件链：按照从初因事件到后果之间的事件序列组合以及事件之间的时序关系，依次提取环节事件，生成箱弹起竖伤人事件链。如图 5－4 所示。

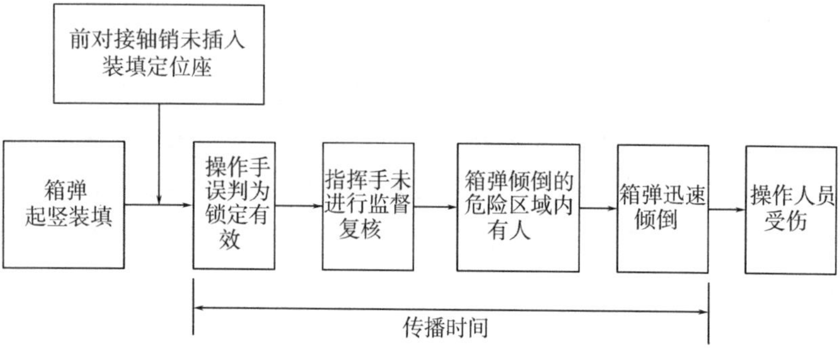

图 5－4　箱弹起竖伤人事件链

5）结论：前对接轴销未插入装填定位座是箱弹起竖装填的危险源，应通过安全性设计措施消除。

5.6.2　典型防空导弹武器系统危险源辨识

5.6.2.1　剖面分析

（1）寿命剖面分析

寿命剖面是产品从交付到寿命终结或退出使用这段时间内所经历的全部事件的时序描述。

寿命剖面分析是对导弹进行安全性分析的重要输入。防空导弹从验收合格到交付部队使用，将经历包装发货、运输、贮存、维护、定期测试、勤务运输、战勤值班、导弹发射、飞行等不同事件。

典型防空导弹武器系统全寿命周期剖面如图 5－5 所示。

防空导弹典型寿命剖面如图 5－6 所示。

（2）任务剖面分析

任务剖面是产品在完成规定任务这段时间内所经历的事件的时序描述。防空导弹的任务剖面通常包括导弹发射、发动机点火、发

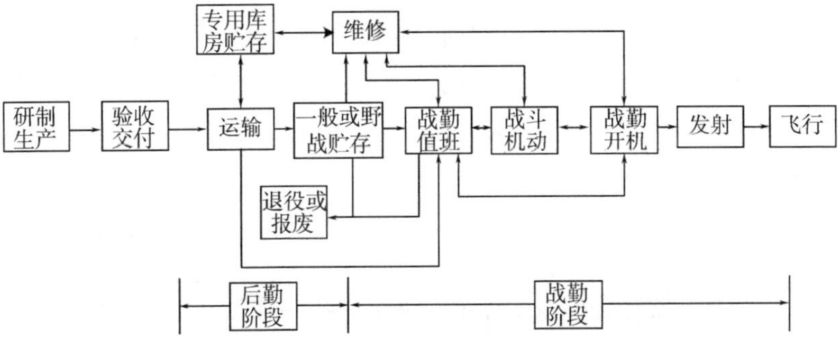

图 5-5 典型防空导弹武器系统全寿命周期剖面

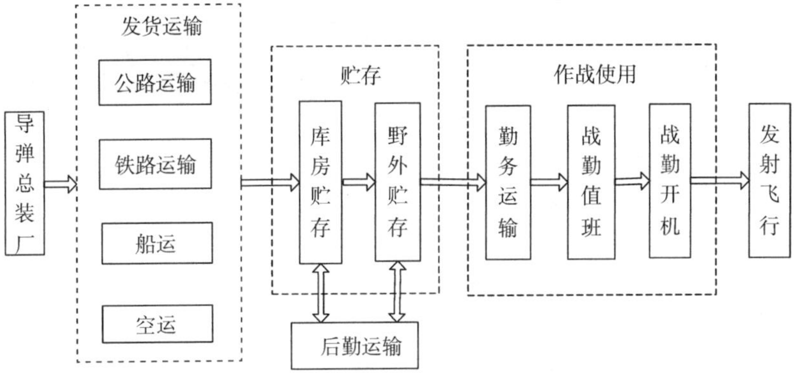

图 5-6 防空导弹典型寿命剖面

动机关机、导弹机动、启动战斗部摧毁目标等，不同型号的防空导弹从发射到摧毁目标所经历事件的时序可能有所差异。某型防空导弹任务剖面如图 5-7 所示。

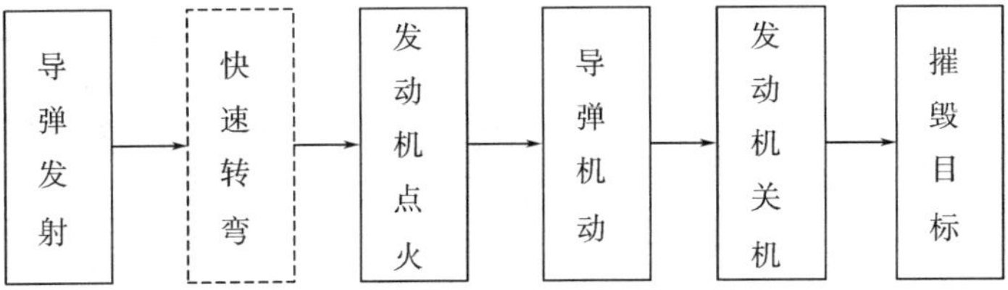

图 5-7 某型防空导弹任务剖面

（3）环境剖面分析

环境剖面是与装备寿命剖面对应的环境种类的时序描述。根据典型导弹武器系统寿命期剖面的主要状态事件，分析各种事件可能遇到或产生的自然环境和诱发环境类型，并按时序给出，得到典型防空导弹的环境剖面，如图 5－8 所示。

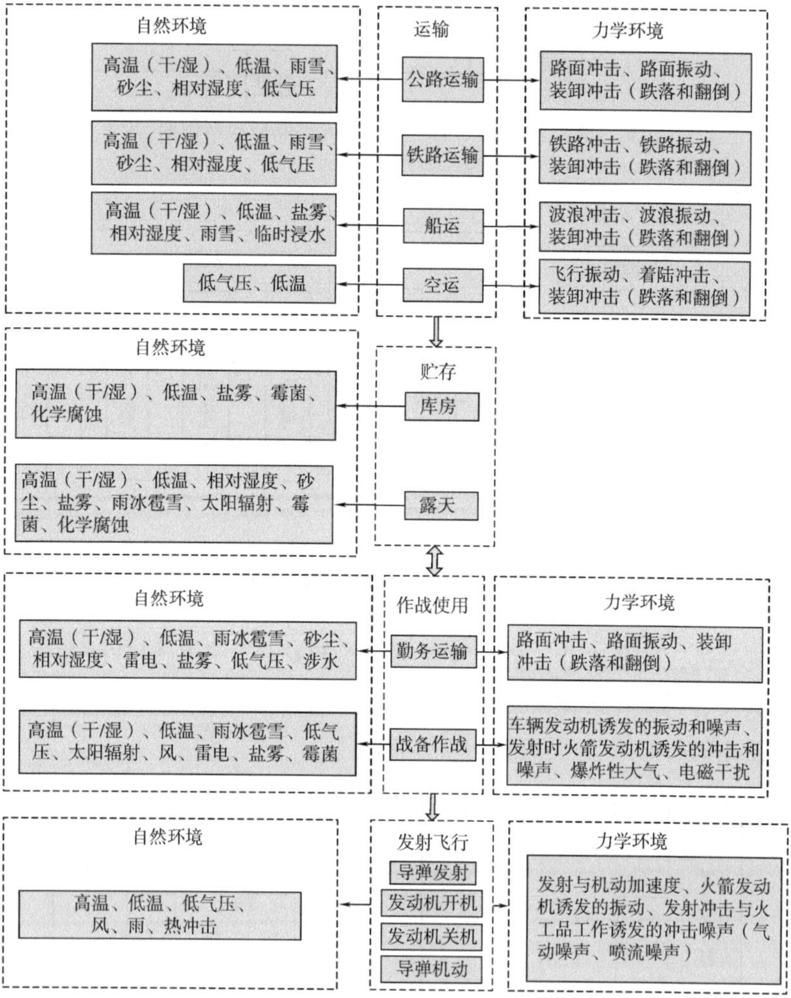

图 5－8　典型防空导弹环境剖面

5.6.2.2　危险源辨识的主要方面

（1）运输

至少从以下方面辨识导弹武器系统运输过程中的危险源。

① 产品在运输途中承受的自然环境

1）公路运输：高温（干/湿）、低温、雨雪、砂尘、相对湿度、低气压等；

2）铁路运输：高温（干/湿）、低温、雨雪、砂尘、相对湿度、低气压等；

3）船运：高温（湿）、低温、盐雾、相对湿度、雨雪、临时浸水等；

4）空运：低气压、低温等；

5）勤务运输：高温（干/湿）、低温、雨冰雹雪、砂尘、相对湿度、雷电、盐雾、低气压、涉水等。

② 产品在运输途中承受的力学环境

1）公路运输：路面冲击、路面振动、装卸冲击（跌落与翻倒）等；

2）铁路运输：铁路冲击、铁路振动、装卸冲击（跌落与翻倒）等；

3）船运：波浪冲击、波浪振动、装卸冲击（跌落与翻倒）等；

4）空运：飞行振动、着陆冲击、装卸冲击（跌落与翻倒）等；

5）勤务运输：路面冲击、路面振动、装卸冲击（跌落与翻倒）等。

③ 产品在运输前后的安装与拆卸

1）设备在运输途中的倒置、翻滚；

2）贮运发射筒（箱）接地不可靠；

3）运输途中未对易燃易爆危险化学品采取隔离等特殊防护措施；

4）拆卸前未将连接电缆、接地线等断开；

5）其他未按规定技术条件进行设备安装和拆卸的行为。

④ 产品的吊装、翻转与停放

1）吊装过程产品失稳；

2）装填设备与起重机或箱（筒）弹的连接部位不牢靠；

3）吊装设备结构的强度和刚度设计不满足使用要求；

4）装填过程中处于自由状态的电缆和管路；

5）其他未按规定技术条件进行设备吊装与停放的行为。

（2）贮存

至少从以下方面辨识导弹武器系统贮存过程中的危险源。

① 导弹贮存的自然环境

1）国防库房贮存：高温（干/湿）、低温、盐雾、霉菌、化学腐蚀、有害动物和昆虫等；

2）库房（载舰）贮存：高温（干/湿）、低温、盐雾、化学腐蚀等；

3）野外贮存：高温（干/湿）、低温、相对湿度、砂尘、盐雾、雨冰雹雪、太阳辐射、长霉、化学腐蚀、雷电、有害动物和昆虫等。

② 危险品库房/弹库

1）易燃易爆性物质：氢气、甲基肼、甲醇等；

2）自燃性物质：铍粉、锆粉、锌粉等；

3）有毒物质：氰化钠、无水肼、四氧化二氮等；

4）腐蚀性物质：发烟硝酸、盐酸等；

5）对具有相容性的两种或多种材料未采取隔离措施存放；

6）对燃烧剂加注设备的密封件与氧化剂加注设备的密封件未单独存放；

7）导弹在弹库贮存期间意外点火；

8）导弹在弹库贮存期间燃料泄漏；

9）弹库未设置在舰艇上的避雷装置保护区内；

10）弹库位于电磁辐射区（如大功率无线电设备天线发射区）内；

11）其他未按规定技术条件进行导弹贮存的行为。

(3) 作战使用

至少从以下方面辨识导弹武器系统作战使用过程的危险源。

① 战勤开机/战勤值班的自然环境和力学环境

1) 自然环境：高温（干/湿）、低温、雨雪冰雹、低气压、太阳辐射、风、雷电、盐雾、霉菌等；

2) 力学环境：车辆发动机诱发的振动和噪声、发射时火箭发动机诱发的冲击和噪声等；

3) 电磁环境：雷达天线辐射、超高压电场等。

② 导弹吊装到发射平台

1) 装填设备处于恶劣工况下的稳定性达不到使用要求；

2) 现场使用时应改变状态的连接不牢靠；

3) 装填设备与起重机或箱（导）弹的连接不牢靠；

4) 吊装设备结构的强度和刚度要求达不到使用要求；

5) 装填过程中处于自由状态的电缆和管路；

6) 起重机、吊具等装填设备超载；

7) 架车/专用转运车辆接地不可靠；

8) 架车/专用转运车辆超载；

9) 导弹或产品在架车或专用转运车辆上放置不当引起异常损伤；

10) 装填设备提升到位后对导弹的冲击；

11) 装填过程中导弹发生倾翻或意外跌落；

12) 在导弹吊装过程中吊机故障；

13) 导弹装填时意外跌落。

③ 导弹战勤开机/战勤值班

1) 导弹加电测试过程中产生激励火工品误动作的信号；

2) 导弹在位的加电时间以及断电后允许再次加电的时间间隔设置不当。

④ 武器系统协同作战

1) 雷达天线起竖伤人；

2）设备加高压；

3）筒（箱）弹起竖锁定不可靠；

4）发射参数装订不正确；

5）战场电磁环境（如地面雷达之间相互干扰、强电磁场在设备天线端口和电缆端口耦合产生强电流和高压）；

6）作战装备遭受雷电的强电流损坏；

7）有人值守的方舱、操作间置于导弹射向前方。

⑤ 其他

1）紧急情况下（如舰面着火）无法应急发射或应急投掷；

2）导弹发射未出箱（筒）后对发射阵地各设备进行撤收和撤离；

3）导弹撤离发射架后液体推进剂的处理；

4）在人员需接近的金属制品、机柜、抽屉、结构和组件上出现锐角、凸出部位和锐边；

5）电危害防护缺陷（如裸露在面板外的带电操作件）；

6）转塔、天线座等大转动惯量装置误转动；

7）电机类设备反转；

8）操作人员的误动作、误装卸或类似危险产生的机械损坏；

9）带电插拔电缆等误操作引起电气损坏；

10）线缆通过口盖、舱门等或其他可能使之磨损、擦伤、扭折、卷曲、切割的情况；

11）液体推进剂的加注、转注、泄出。

（4）发射飞行

至少从以下方面辨识导弹武器系统发射飞行过程的危险源。

① 导弹发射飞行的自然环境和力学环境

1）自然环境：高温、低温、低气压、风、雨、热冲击等；

2）力学环境：发射与机动加速度、发动机诱发的振动、发射与火工品工作诱发的冲击、噪声（气动噪声和喷流噪声）等；

3）电磁环境：导弹发射井、导弹运输车等处的电磁辐射环境等。

② 导弹发射前测试检查

1）导弹供电前点火电路不处于断路状态；

2）弹上火工品误激活；

3）测试过程中外界对测试设备的辐射干扰（如雷达电磁辐射等）。

③ 导弹发射飞行

1）导弹在发射架位锁定；

2）发射筒易碎盖散落；

3）导弹与发射平台发射相互干涉；

4）弹上点火器故障；

5）导弹初始姿态异常；

6）发动机空中瞎火；

7）发动机点火后的喷出物；

8）导弹发射时尾焰高温燃气流喷射；

9）导弹未飞出安全距离战斗部引爆；

10）安全执行装置故障。

（5）维护维修

至少从以下方面辨识导弹武器系统维护维修过程的危险源。

① 包装箱（筒）内的补气或气体置换

1）压力容器；

2）有毒气体；

3）工作场地无新鲜空气流通；

4）人员误操作。

② 导弹定期测试

1）火工品测试；

2）导弹接地不良；

3）带电插拔电缆。

③ 地（舰）面设备的维护与维修

1）可能伤人的铰接件和滑动件；

2）承受恒定张力或负载的机械部件、联动装置、弹簧以及抽出式或折叠式部件；

3）发射架、天线转台、车辆转塔等大型旋转装置以及其他翻转、平衡的机构；

4）具有意外通电可能的电气设备或组合；

5）设置在高温、高压和运动部位等危险位置、需要人工检测的检测点；

6）有强噪音、微波辐射、有毒气体、高压气体等有害物质存在的维修环境。

（6）试验

① 试验配套设备

至少从以下方面辨识试验配套设备的危险源。

1）可移动式电动工具：电钻、电锤、电喷枪、摇臂锯等。

2）大型电气设备：电性能测试设备、变配电站、车载电站等。

3）特种机械：对接、起竖机构，吊装起重机械操作，转运车辆。

4）压力容器及管道：气源设备（乙炔气瓶、氧气瓶、液氮储罐等），液体推进剂输送、加注、转注或泄出装置，气体或液体的压力输送管道、管路。

5）登高装置：专用工作梯（台），发射架（塔）。

② 试验场地

至少从以下方面辨识试验场地的危险源

1）总装测试厂房：见 Q/QJB 163－2009《战术导弹飞行试验技术安全规范》。

2）危险品库房：见 Q/QJB 163－2009《战术导弹飞行试验技术安全规范》。

3）危险品临时存放区：见 QJ 3299－2008《航天工业危险源辨识指南》。

4）加注、充气场地：见 QJ 3240－2005《导弹加注系统最低安全要求》。

5）系统地面调试场地：见 Q/QJB 163－2009《战术导弹飞行试验技术安全规范》。

6）导弹发射场坪（或平台）：

a）未设置防雷电、防静电和防爆燃等设施和防火灾的消防设备；

b）燃气流冲击区内有裸露电缆、碎石块和易燃物等。

③ 试验前准备

（a）技术阵地

至少从以下方面辨识试验前准备过程中技术阵地的危险源。

1）导弹装配：

a）装配中未按规定进行多余物的控制和检查；

b）加注有推进剂或已经安装火工品的导弹接地不良；

c）未按规定进行火工品的装拆；

d）未按照规定的技术条件在导弹上进行电装焊接作业。

2）导弹测试：

a）超过 36V 电压、需要人工检测的检测点；

b）工作电压超过 500V 的电路组合；

c）能产生 10MHz 到 100GHz 之间的微波和射频的测试设备；

d）综合测试设备接地不良；

e）测试电路瞬态过应力；

f）未按规定对导弹加电检测（如在导弹带战斗部的情况下对战斗部传爆系统通电检查，未确认导弹各项状态就对导弹进行通电检测）；

g）测试软件的版本错误。

（b）发射阵地

至少从以下方面辨识试验前准备过程中发射阵地的危险源。

1）加注与充气：

a）加注与充气过程中泄漏或排放的废气、废液；

b）加注过程中燃料与氧化剂的混合接触；

c）加注用的连接器和过滤器的维修、更换、中和、清洗等危险作业；

d）操作人员在没有防护措施的情况下接触到燃料或氧化剂；

e）加注过程中进行其他项目的通电测试；

f）高压气瓶压力超过上限值；

g）充气过程中在高压气瓶等警戒区内有无关人员。

2）系统对接联调：

a）开关舱口盖操作、设备调转、加高压的相关区域内有人；

b）各设备通风口不畅；

c）带电情况下拉出或推入机柜组合、插拔组合的电路板；

d）在设备开机状态下伸手或工具进入设备内部进行检查、维修等工作；

e）用湿手直接对供电系统设备进行操作；

f）未严格按照技术文件规定的要求操作（如设备首次启动前未确认电缆连接是否正确、接地电阻是否满足要求）。

3）靶场合练：

a）技术状态改动较大后的首次进场在未通过评审验收前进行合练；

b）合练程序设置有误；

c）参加合练的系统和设备（如导弹、发射装置、发射控制系统、目标指示系统、地面保障系统、靶场技术保障系统、发射指挥系统、地面遥测站等）不满足正确性和协调性要求；

d）合练成功后未按规定技术条件冻结参试设备的技术状态。

（c）发射决策

至少从以下方面辨识与试验的发射决策相关的危险源。

1）发射条件：

a）火控系统异常；

b）系统精度不满足规定要求；

c）靶场技术保障系统故障；

d）靶标功能异常；

e）气象及海情条件异常。

2）应急处理预案：

a）应急处理预案未对紧急情况（如导弹发射失败、发射出去后导弹未引爆、导弹飞行偏离预定弹道威胁目标保护区、人员不慎落海等）制定有效措施；

b）试验前未按照应急预案进行演练。

（d）导弹飞行

至少从以下方面辨识试验过程中导弹飞行的危险源。

1）导弹按照预定弹道飞行：

a）试验禁区（如导弹掠海飞行的海域）内有人或设备；

b）靶试空域有无关飞行器；

c）导弹残骸落点附近有人或设备；

d）试验航区的纵深和宽度不满足导弹的最大射程和最大航路捷径要求。

2）导弹偏离预定弹道飞行：

a）导弹飞入目标保护区；

b）导弹反向飞行。

（e）试验设备撤收

至少从以下方面辨识试验设备撤收过程的危险源。

1）导弹未发射出去的后续处理（如液体推进剂的泄出等）；

2）试验成功后的设备撤收：

a）撤收顺序不当；

b）设备转场运输前的固定措施不牢靠。

（7）生产

至少从以下方面辨识生产过程的危险源。

1）心理、生理性危险源：主要有负荷超限、从事禁忌作业、心理异常、辨识功能缺陷等；

2）行为性危险源：主要有指挥错误、操作错误等；

3）设备、设施、工具、附件缺陷：主要有强度不够、刚度不够、稳定性差、密封不良、控制器缺陷等；

4）防护缺陷：主要有无防护、防护装置失效或设施缺陷、防护不当等；

5）信号缺陷：主要有无信号设施、信号选用不当、信号位置不当、信号显示不清等；

6）标志缺陷：主要有无标志、标志不清晰、标志不规范等；

7）化学品危害：主要有爆炸品、压缩气体或液体、粉尘与气溶胶等；

8）作业环境不良：主要有室内作业环境不良、室外作业环境不良等；

9）管理缺陷：主要有操作规定不规范、培训制度不完善等；

10）电伤害、运动物伤害、致病微生物等其他危险源。

以上内容详见 GB/T 13861－2009《生产过程危险和有害因素分类与代码》。

（8）其他

除以上方面，导弹武器系统危险源辨识内容还应包括以下方面。

（a）软件安全

1）软件与系统的配合：软件对系统的安全状态监测、系统不稳定状态下的软件运行等；

2）软件与硬件的配合：干扰信号、不安全控制指令等；

3）故障在软件中的传播：软件失效容限、信息冗余、转换逻辑错误等；

4）软件与硬件之间的接口：反馈回路失控、数据传输报文异常等；

5）软件模块之间的接口：非安全关键模块对安全关键模块的数据访问、内部参数调用的个数及属性不一致等；

6）人机交互：误操作、虚警等；

7）通信时序：双口 RAM 读写冲突、安全关键数据传输不加密等；

8）数据处理的安全性：计算精度和数值误差、浮点数关系误判断等；

9）异常中断：误中断、频繁中断、外部非法中断等；

10）复杂模块：模块间多参量传递、模块的扇入扇出等；

11）软件吞吐量和规模：存储量与可用容量不匹配、软件工作时序余量不足等；

12）软件错误：无意指令跳转、非授权或无意的数据存取/修改、测试功能失效影响安全关键软件等。

（b）在特定条件下被激发而导致事故的潜在状态

1）潜在路径：意外的逻辑控制通路、引起液（气）压管路爆炸的潜在通道等；

2）潜在时序：电流、电能或信号按照意外或相矛盾的顺序出现等；

3）潜在指示：与系统运行状况相关的模糊指示、错误指示等；

4）潜在标志：误导操作人员的标志、系统功能错误或不确切的标志等。

5.6.3　危险分析的开展时机

危险分析应从装备研制阶段早期开始并贯穿于整个寿命周期。随着装备研制的深入，开展相应的分析工作，从而全面、系统地识别、评价和消除（或控制）可能存在的危险，提高装备的安全性。

由于可获取的数据及信息的不同，在装备研制的不同阶段，安全性分析的重点有所不同：

1）在方案阶段，危险分析重点在于考察方案中可能存在的危险源以及危险的后果；

2）在工程研制初样阶段，则对引起安全性事故的故障、接口以及产品使用操作等有关的危险进行重点辨识和综合评价；

3）在工程研制试样阶段则是通过使用和操作规程后开展使用与保障危险分析，识别并分析与系统运输、贮存、维修、使用和退役处理等有关危险源，并随着后续工程进展而不断深入，直至使用阶段。

研制阶段初步危险分析、系统危险分析以及使用和保障危险分析工作的开展时机如图 5－9 所示。

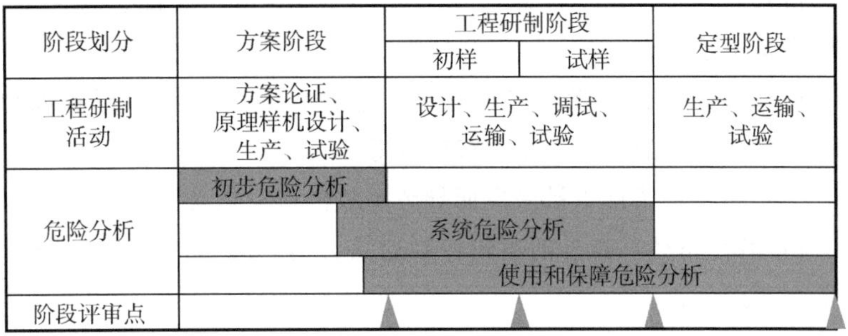

图 5－9　安全性分析工作时机

危险分析工作需要反复迭代、不断完善，由于型号安全性分析与危险控制贯穿于整个型号安全性保证过程，往往要反复多轮，直至事故风险降低至可接受水平。随着研制工作的进展，可获得的数据和信息不断增多，危险分析也应随着设计而不断修改，设计师应及时对危险分析的内容进行更新、补充及完善。

参 考 文 献

[1] GB/T 13861-2009. 生产过程危险和有害因素分类与代码[S]. 2009.

[2] GJB 900A-2012. 装备安全性工作通用要求[S]. 2012.

[3] QJ 2236A-1999. 航天产品安全性保证要求[S]. 1999.

[4] QJ 3139-2001. 危险分析方法和程序[S]. 2001.

[5] QJ 3273-2006. 航天产品安全性分析指南[S]. 2006.

[6] QJ 3299-2008. 航天工业危险源辨识指南[S]. 2008.

[7] 赵廷弟,等. 安全性设计分析与验证[M]. 北京:国防工业出版社,2011.

[8] Krzysztof Kolowrocki 等,著. 复杂系统与过程可靠性及安全性[M]. 王尧,等译. 北京:国防工业出版社,2013.

第6章　安全性设计

6.1　制定安全性设计准则

6.1.1　目的

设计决定了装备的固有安全性水平。安全性设计准则是在产品设计中为提高安全性而必须落实的安全性设计要求。它是根据在产品设计、生产、使用中长期积累的工程经验而编制，因此制定并贯彻型号安全性设计准则是提高产品安全性最有效的技术途径。

6.1.2　制定依据

承制方应总结相似装备的工程经验和事故教训，并根据装备特点以及相关规章、条例、标准、规范、文件或要求以及危险分析的结果，制定型号专用的安全性设计准则，作为装备应满足的安全性设计要求。

型号专用的安全性设计准则的依据包括：

1）型号《立项论证报告》《研制总要求》及研制合同（含工作说明）中规定的安全性设计要求；

2）国内外有关标准、规范和手册中提出的与安全性有关的产品设计要求；

3）相似型号中制定的安全性设计准则；

4）产品危险分析的结果；

5）分系统/设备任务书、系统接口要求说明书或其他相关文件。

型号专用的安全性设计准则需要不断修改、逐步完善。随着研制过程的进展，承制方应根据安全性分析、验证的结果，对型号安全性设计准则中的内容及时更新和完善，提高其适用性，从而更加合理、实际地指导下一阶段安全性设计。

6.1.3　安全性设计准则核查

为了保证安全性设计准则能够切实贯彻，在研制过程中应对照设计准则中的各项要求，对系统及分系统的设计准则符合情况进行检查，即安全性设计核查。安全性设计核查是一项重要的工作，通过核查确定产品安全性设计是否符合设计准则的要求，从而发现某个系统、分系统或操作规程是否存在安全隐患，进而采取改进措施。具体要求如下：

1）制定安全性设计准则核查表。该表是把对武器系统及相关产品的安全性设计的详细要求集中起来，列成核查项目清单。按表对产品设计是否符合相关要求进行逐条确认。

2）制定安全性设计核查结果记录表。对安全性设计准则核查表中回答为“否”的检查项目，应说明存在的问题，同时提出改进建议。加强对安全性设计核查结果的跟踪管理，及时监督改进措施的落实情况，一并记录在安全性设计核查结果记录表中。

3）根据核查结果编制设计准则符合性报告，并提交安全性设计评审审查。

表 6－1 为系统安全性设计准则核查表示例。

表 6－1　系统安全性设计准则核查表（示例）

第______页 · 共______页

型号________________　研制阶段________________　编号________

序号	检查项目	是否符合			不符合/不适用的说明
		是	否	不适用	
1	在发射过程中，若出现故障，能紧急断电终止发射				
2	有相对运动的部分设计有防止擦伤的保护措施				

续表

序号	检查项目	是否符合			不符合/不适用的说明
		是	否	不适用	
3	舱内设备操作所涉及的范围内不得出现尖角和锐边				
4	在技术说明书和使用维护细则中规定雷达天线启动高压后的安全区域				
5	在进行阵地布局时规定装备之间的最小距离，以确保各装备之间不会产生电磁或机械干扰				
6	装备及筒（箱）弹外露的插头选用了防水插头				
7	装备的天线端口和舱外电缆端口安装浪涌保护装置，防止强电磁场在装备天线端口和电缆端口耦合产生强电流和高压				

注：根据实际情况在“是”“否”“不适用”处打“√”。

表 6－2 为安全性设计核查结果记录表格式示例。

表 6－2　安全性设计核查结果记录表（示例）

第＿＿＿页·共＿＿＿页

产品名称＿＿＿＿＿＿＿＿

型号＿＿＿＿＿＿＿＿　　研制阶段＿＿＿＿＿＿＿＿　　编号＿＿＿＿

序号	存在问题	改进措施或建议	完成设计改进的日期	处理结果

记录人		日期		审核		日期	

6.2　安全性设计通用方法

为满足规定的安全性要求，可以采用各种不同的安全性设计方法。GJB/Z 99－1997《系统安全工程手册》规定的安全性设计通用方法包括控制能量、消除和控制危险、隔离、闭锁和锁定、冗余、状态监控、安全系数、故障-安全设计、标记、损伤抑制、安全装置、告警装置、规程和培训以及逃逸、救生和营救等。

表 6－3 为各类通用方法在某典型型号安全性设计中的应用示例。

表 6－3　某典型型号安全性设计示例

序号	危险控制方法	示例
1	控制能量	在电源接线箱中设置了避雷器，在连接地线时，如发生感应雷击，能够泄放掉大部分能量，保护供配电系统的安全
2	消除和控制危险	采用多对触点串联切换来依次接通各控制环节
		为保障人员使用维护安全，地面作战车辆外侧和乘员舱内无伤害人员的尖角、锐边
3	隔离	在电源模块内使用高频变压器，将输入端和输出端进行隔离，使其转化为安全的低压直流输出
4	闭锁、锁定和联锁	弹药和爆炸螺栓上的熔断器和其他锁定装置，可防止在点火前或发射前引爆
		地面装备设置电气开关闭锁杆，可防止电路误接通
5	概率设计和损伤容限	弹上压力容器采用安全系数法保证其安全性
6	降额	对危及操作人员生命安全的设备采取Ⅰ级降额
7	冗余	发动机的复式点火设计，采用完全独立的两套点火电路（指令点火和延时点火）
8	状态监控	发控设备通电后，对于高速串行数据通道、导弹供电电源参数等安全性关键功能或指标开展实时监测
9	安全系数	采用安全系数法进行导弹弹体结构安全性设计

续表

序号	危险控制方法	示例
10	故障-安全设计	对战车的控制组合上设计了紧急制动按钮，在设备失控时可以手动终止其运动
11	标记	在地面装备四个对接轴销上增加黄色区域线，作为轴销落到位指示，确保箱弹起竖装填的安全性
12	损伤抑制	对漏电保护装置采取减震措施，防止振动、冲击造成漏电保护装置的机械损坏
13	安全装置	与交流电源有关的焊点和端子都加了保护罩，以保证维修及使用人员的安全
		战车转塔上设计了可拉出的踏板、可挂保险带的挂钩，提高作业安全程度
14	告警装置	在雷达加高压时危险告警装置自动启动

6.2.1 控制能量

能量释放的失控将很可能发展成极为重大的事故。事故造成人员伤亡和设备损坏的严重程度随着失控能量的转移或转换的大小而变化。例如，两辆汽车相撞损坏的严重程度与汽车动能成比例。

因此，进行初步危险分析时首先需要调研可能产生最大伤害或损伤的危险。在此基础上考虑可能由于能量转移或转换过程的失控而产生的损坏后果和防止失控的方法，或者减少不利影响的方法。

6.2.2 消除和控制危险

6.2.2.1 消除危险

消除危险常用方法如下：

1）通过设计排除粗糙的棱边、锐角、尖点和形成缺口、破裂表面的可能性；

2）在垫料、液压油、溶剂和电绝缘体等类型的产品中使用不易燃的材料，以防止火灾；

3）尽可能采用气动或液压系统代替电气系统，以避免电气失火或过热；

4）用连续的整体管线取代有多个接头的管线，以消除漏电；

5）消除凸出部分（如在突然刹车时可能导致人员伤害的车辆把手）可能造成的人员伤害；

6）定期检查和更换安全性关键零部件，防止由于材料变质而产生危险。

6.2.2.2　控制危险

当不能完全消除危险时，可以通过控制潜在危险的严重性，使危险不致于造成人员伤亡或设备损坏。

6.2.2.3　有害环境的控制

环境作为工作条件或影响因素，可按其起源划分为两大类：自然环境和诱发环境。有害环境是危险的一大来源。表6-4给出了常见有害环境因素及其环境效应。

表6-4　常见有害环境因素及其环境效应

有害环境因素	环境效应
低气压	低气压对密闭产品的影响： 1）密封垫密封的壳体漏气、漏液； 2）密封容器变形、破损或破裂，密闭容器爆炸； 3）真空密封失效
	低气压对电性能的影响： 1）电子产品常常在电场强度较强的电极附近产生局部放电现象，引起设备误动作或出现故障，更为严重的是有时会发生空气间隙击穿，影响设备的正常工作； 2）装备因热传导降低而发生过热； 3）发动机起动和工作不稳定等
高温	高温会改变装备所用材料的物理性能或尺寸，因而会暂时或永久性的降低装备的性能。典型的高温环境效应如下： 1）不同材料膨胀不一致使零部件相互咬死； 2）润滑剂粘度降低，或者润滑剂外流造成连接处润滑能力降低；

续表

有害环境因素	环境效应
高温	3）零件尺寸全方位改变或有方向性的改变； 4）包装材料、衬垫、密封垫、轴承和轴发生变形、咬合和失效，引起机械故障或者完整性损坏； 5）衬垫出现永久性变形； 6）外罩和密闭条损坏； 7）固定电阻的阻值改变； 8）温度梯度不同和不同材料的膨胀不一致使电子线路的稳定性发生变化； 9）变压器和机电部件过热； 10）继电器以及磁动或热动装置的吸合/释放范围变化； 11）工作寿命缩短； 12）固体药柱产生裂纹； 13）密闭壳体内产生高压； 14）爆炸物或推进剂的燃烧加速； 15）药柱在壳体内膨胀； 16）有机材料褪色、裂解甚至出现裂纹
低温	低温几乎会对所有的基体材料都有不利的影响。对于暴露于低温环境的装备，由于低温会改变其组成材料的物理特性，因此可能会对其工作性能造成暂时或永久性的损害。典型的低温环境效应如下： 1）材料的硬化和脆化； 2）在温度瞬变过程中，不同材料产生不同程度的收缩，以及不同零部件的收缩率不同，引起零部件相互咬死； 3）润滑剂粘度增加，流动性和润滑作用降低； 4）电子器件（电阻、电容器等）性能改变； 5）变压器和机电部件的性能改变； 6）减振架刚性增加； 7）固体药柱产生裂纹； 8）爆裂和开裂、脆裂、冲击强度改变和强度降低； 9）受约束的玻璃产生静疲劳； 10）水的冷凝和结冰； 11）燃烧率变化

续表

有害环境因素	环境效应
温度冲击	典型物理效应： 1）玻璃、玻璃器皿和光学设备破裂； 2）运动部件的卡紧或松弛； 3）固体药柱产生裂纹； 4）不同材料的收缩或膨胀率、或诱发应变速率不同； 5）零部件变形或破裂； 6）表面涂层开裂； 7）密闭部件泄漏； 8）绝缘保护失效
	典型化学效应： 1）各组分分离； 2）化学试剂保护失效
	典型电效应： 1）电气和电子元器件的变化； 2）快速冷凝水或结霜引起电子或机械故障； 3）静电过量
湿度	表面效应： 1）金属的氧化/电化学腐蚀； 2）加速化学反应； 3）有机和无机表面覆盖层的化学或电化学破坏； 4）表面水气与外来附着物相互作用产生腐蚀层； 5）摩擦系数的改变引起粘合或粘附
	材料性质的改变： 1）吸收效应引起材料膨胀； 2）物理强度降低； 3）电气绝缘和隔热特性的改变； 4）复合材料的分层； 5）塑性或弹性的改变； 6）吸湿材料性能降低； 7）推进剂因吸湿而性能降低； 8）润滑剂性能降低； 9）光学元件成像传输质量下降

续表

有害环境因素	环境效应
湿度	凝露和游离水产生的影响： 1）电气短路； 2）光学器件表面模糊； 3）热传导特性变化
太阳辐射	热效应： 1）活动部件卡死或松动； 2）焊接和胶结部件强度降低； 3）强度和弹性发生变化； 4）连接装置准确度下降或失灵； 5）密闭完整性降低； 6）电气或电子部件性能发生变化； 7）电触点过早动作； 8）合成橡胶和聚合物的性能变化； 9）涂层，合成材料和涂有粘合剂的层压板，如雷达波吸收材料的起泡、剥落、分层； 10）封装混合物软化； 11）压力变化； 12）合成材料和炸药热析； 13）织物和塑料褪色
太阳辐射	热效应
	涂层龟裂、粉化和褪色
	光化学效应： 1）织物和塑料颜色变色； 2）涂层开裂、粉化和变色； 3）较短波长辐射引起的光化学反应导致天然橡胶、合成橡胶和聚合物劣化
雨	雨的典型环境效应如下： 1）干扰或破坏无线电通信； 2）限制雷达的有效性； 3）影响导弹发射； 4）降低光学监测效果，甚至无法进行光学监测； 5）降低户外工作效率； 6）引起引信误动作；

续表

有害环境因素	环境效应
雨	7）降低光学装置的能见度； 8）淋雨冲蚀装备表面； 9）造成某些材料的强度降低/泡胀； 10）锈蚀可能性增大，腐蚀甚至霉菌生长； 11）增加装备质量； 12）使电气和电子设备不能工作或不安全； 13）电气设备失效； 14）装备内部结冰可能会由于元器件膨胀或破裂造成缓慢性退化和功能失效； 15）改变热交换； 16）推进剂燃烧减慢等
砂尘	砂尘的典型环境效应如下： 1）表面磨损和磨蚀； 2）对产品电性能的影响：通常，沉积在绝缘体、继电器或任何接触器的砂尘，在干燥时是不良导体。由于增加了接触电阻，会降低产品、元器件的工作性能。对低电压，能引起系统的不正常工作。对高电压，增加接触电阻能引起飞弧或接触表面的迅速损坏。然而，当遇到高湿、雾或雨雪环境时，砂尘中的可溶性物质会形成电介质，使通过该部分的电流急聚增加，从而损坏产品或元器件。砂尘在连接器上的聚集，能使连接和切断困难；当进行连接或断开时，由于磨损作用会磨损接触表面；也会增加接触电阻； 3）砂尘颗粒的大小和浓度还影响能见度； 4）密封渗透； 5）开口和过滤装置堵塞； 6）配合部件的物理影响； 7）活动部件卡住和（或）受阻碍； 8）冷却系统的热交换器和冷凝器由于表面砂尘的聚集，降低了表面的散热能力，从而降低了系统的散热效率； 9）由于妨碍通风或冷却引起过热和着火危害； 10）光学特性受影响； 11）漆膜在潮湿的环境中，聚集在漆膜表面的砂尘颗粒，能产生明显的缺陷和降低漆膜的耐磨性

续表

有害环境因素	环境效应
盐雾	腐蚀效应： 1）电化学反应引起的腐蚀； 2）加速应力腐蚀； 3）盐在水中电离形成酸性或碱性溶液
	电气效应： 1）盐沉积物会导致电气设备的损坏； 2）产生导电的覆盖层； 3）绝缘材料及金属的腐蚀
	物理效应： 1）机械部件和组件的活动部分的阻塞或卡死； 2）由电解作用导致涂层起泡
霉菌	电气或电子系统： 直接或间接侵蚀均可导致电气或电子系统的损坏。例如，霉菌在绝缘材料上能够形成不希望有的导电通路，或对精密调节电路的电特性产生负面影响
	光学系统： 光学系统的损害主要是由于间接侵蚀引起的。霉菌对光学系统中光的传播能产生负面影响，阻塞精密活动部位，使干燥表面潮湿并伴随性能的下降
霉菌	对材料的间接侵蚀。对抗霉材料的破坏来自间接侵蚀，出现的情形如下： 1）在其表面沉积的灰尘、油脂、汗渍和其他污染物（在制造或使用过程中形成的）上生长的霉菌对底层材料造成损害； 2）霉菌分泌的代谢产物（如有机酸）会导致金属腐蚀、玻璃蚀刻、塑料和其他材料着色或降解； 3）在对直接侵蚀敏感的材料上生长的霉菌，其代谢产物与邻近的抗霉材料接触而产生侵蚀
振动	振动问题引起的典型环境效应： 1）导线磨损； 2）紧固件/元器件松动； 3）断续的电器接触；

续表

有害环境因素	环境效应
振动	4）电气短路； 5）密封失效； 6）元器件失效； 7）光学上或机械上的失调； 8）结构裂纹或断裂； 9）微粒和松动器件的移位； 10）微粒或松动器件掉入电路或机械装置中； 11）过大的电气噪声； 12）轴承磨蚀
噪声	噪声的典型环境效应如下； 1）导线磨损； 2）部件声疲劳和振动疲劳； 3）部件连接导线断裂； 4）印制线路板开裂； 5）波导部件失效； 6）电触点断续工作； 7）小型仪表板和结构零件的破裂； 8）光学失调； 9）小颗粒脱落，会引起回路和机构卡死； 10）过量的电噪声
冲击	冲击可能对整个装备的结构和功能完好性产生不利影响，主要环境效应如下： 1）零件之间的摩擦力增加或减少，或相互干扰而引起的装备失效； 2）装备绝缘强度变化、绝缘电阻抗下降、磁场和静电场强的变化； 3）装备电路板故障、损坏和电连接器失效（装备在冲击作用下，有可能使电路板上多余物移位而导致短路）； 4）由于装备结构或非结构件的过应力引起装备的永久性机械变形； 5）由于超过极限强度导致装备机械零件的损坏； 6）材料加速疲劳； 7）装备潜在的压电效应； 8）由于晶体、陶瓷、环氧树脂或玻璃封装破裂引起的装备失效

续表

有害环境因素	环境效应
高湿度	高湿度环境的典型效应： 1）加速腐蚀； 2）电气设备中水汽凝结造成短路，无意中接通或中断系统的工作； 3）潮湿引起轮胎表面摩擦力降低，造成车辆打滑和失控； 4）吸水材料膨胀； 5）使需要技能的操作效率降低等
低湿度	低湿度环境的典型效应： 1）有机材料变干、发裂； 2）易产生静电等

对影响武器系统安全性的产品，在进行环境适应性设计应留有一定裕度（耐环境余量）。通过分析产品所处环境平台的环境作用机理和影响方式，找出影响最大的有害环境因素，加大裕度设计，有效消除环境载荷超出产品承受极限而引发事故的潜在危险源。

6.2.3　隔离

隔离是采用物理分离、护板和栅栏等将已确定的危险同人员和设备隔开，以防止危险或将危险降低到最低水平，并控制危险的影响。隔离主要用于以下情况：

1）分离接触在一起将导致危险的不相容材料。例如，某些极易燃的液体存放在容器中，在其上充填氮气或其他惰性气体，以避免这些液体与空气中的氧气接触。

2）控制失控能量释放的影响。例如，易爆器材常常装在专用容器中运输和搬运。这些容器不仅用于抑制爆炸力（若发生爆炸），还用于将该器材与可以引爆它的外部能源隔离开。

3）隔离对人体有害的材料。例如，各种旋转部件、热表面和电气设备等常用护板和外壳防止人员接触到危险。

6.2.4　闭锁、锁定和联锁

闭锁、锁定和联锁是一些最常用的安全性设计措施。它们的功能是防止不相容事件连续在不正确的时间上发生或以错误的顺序发生。

6.2.4.1　闭锁、锁定

将开关锁在开路位置，防止接通是闭锁，将开关锁在闭路位置上防止切断是锁定。闭锁防止某个事件的发生或防止人、物、力或因素进入危险区域；锁定保持某个事件或状况，或避免人、物、力或因素离开安全、限定的区域。常用的闭锁和锁定的类型及运行方式见表 6－5。

表 6－5　闭锁和锁定装置类型

类型	功能
弹药和导弹的安全和保险装置	防止弹药和导弹在点火或发射前引爆，并且要待发射后离开发射装置一段距离后才引爆
螺母和螺栓上的保险丝和其他锁定装置	防止振动使紧固件松动
电气开关闭锁杆	防止电路误接通
防止车辆移动的挡块	当车辆被顶起时，防止车辆沿地面移动
电源开关的锁定装置	防止重要设备（例如安全关键的计算机控制器、安全排气扇、告警灯、应急灯和障碍灯）的断电

6.2.4.2　联锁

联锁将确保危险事件不会在下列情况下发生。

（1）意外情况

在意外情况下，联锁可尽量降低某事件 B 意外出现的可能性。它要求操作人员在执行事件 B 之前要先完成一个指定动作 A。例如，在扳动某个关键性的开关之前，操作人员必须首先打开保护开关的外罩。

（2）存在危险状态时

例如，在高压设备舱的检查舱门上设置联锁装置。为了调整高压设备，必须打开舱门，这时联锁装置切断电路，使不安全状态得以消除。

（3）在预定事件前

如果错误的操作顺序将导致事故发生，则要求采用联锁。例如，一个联锁装置可以要求在启动会发热的系统之前先接通冷却装置。

联锁有多种形式。在某些情况下，在一种联锁装置的设计中可采用不同的原理及工作方式。常用的联锁装置类型及运行方式见表6－6。

表 6－6　联锁装置类型及运行方式

类型	功能
限制电门，包括： 快速电门 触动电门	多种限制电门可用于联锁。在某些情况下，限制电门是电路的组成部分，其自身是可断开或闭合的电路；另外一些情况下，限制电门发出一个信号或无信号可断开或闭合继电器，继电器可进而断开或闭合动力电路
释放装置	其作用是释放一个机械障碍物或起动装置，以免运动或停止运动
钥匙锁	用钥匙开锁后才可工作
信号编码	发射机发出的特殊码脉冲序列与接收机中的序列相匹配。当序列相匹配时，接收机就起动或可工作
运动联锁	所防护的机构运动时可防止防护罩或其他通道口被打开
参数敏感	压力、温度、液流或其他参数的出现、不存在、超出或不足时就允许或中止动作
位置联锁	两个或多个部件未调准可防止进一步的动作
双手控制	要求人员两手同时动作，有时还要求在一定的时间内
序贯控制	按恰当的顺序进行活动，否则不能运行
定时器和延时器	仅在经过一定的时间后设备才能运行
通路分离	去除一个电路或机械通路就不能运行
充电装置	充电管上光的中断或出现，产生一个可中止或起动的动作信号
磁或电磁敏感	材料带磁时将中止或起动设备运行

续表

类型	功能
无线电频率感应	敏感所有导电材料，特别是钢或铝，使之运行
超声	当材料移动到其控制区域时可敏感到材料无孔，因而起动某个事件的电路
水银开关	水银和触点是密封在开关中的，水银提供了两个金属触点间的电流通路。将开关倾斜，水银就流离一个触点，而使通路和电流中断

6.2.5　概率设计和损伤容限

6.2.5.1　概率设计

概率设计是指采用安全系数法来尽量减少结构或材料失效的一种方法，它使结构或材料的强度远大于可能承受的应力的计算值。设计上可以通过以下 4 种方法提高产品的结构可靠性及安全性：

1）在可能增加产品的尺寸及质量时，或者可以得到更高强度的材料时，提高结构的平均强度；

2）当降低零部件的平均应力对产品的性能影响不大时，降低结构的平均应力；

3）通过采用减少应力的设计特性，如采用减振措施来减少振动量值，或者限制使用条件，减少应力变化（通常应力变化是很难控制的）；

4）通过改进生产工艺过程和采用更严格的质量控制措施，减少产品固有强度的变化。

6.2.5.2　损伤容限

损伤容限是指结构在规定的无维修使用期内，能够忍受由缺陷、裂纹或其他损伤引起的破坏而不影响到产品的安全使用。如飞机和航空发动机等产品结构会产生疲劳裂纹、应力腐蚀开裂和其他意外损伤，通过损伤容限设计，在产生某种程度损伤的情况下仍可承受使用载荷。

因此，损伤容限设计的目的是使系统的关键结构不会产生由于材料、工艺和使用中的缺陷造成潜在危险。而裂纹检测周期、裂纹临界尺寸和损伤可检测性是损伤容限设计应考虑的三个主要因素。

通过以下方法实现损伤容限设计：

1）对材料的选择和控制；

2）应力水平的控制；

3）采用抗断裂设计；

4）制造和工艺控制；

5）采用周密的检测措施。

6.2.6 降额

降额是使元器件以承受低于其额定值的应力方式使用。电子设备通常采用电子元器件降额的设计方法来提高系统及设备的可靠性及安全性。在实际应用中，实现降额的方法一种是降低元器件的工作应力，另一种是提高元器件的强度，即选用更高强度的元器件。

GJB/Z 35－93《元器件降额准则》在最佳降额范围内推荐采用三个降额等级（Ⅰ、Ⅱ、Ⅲ级降额）：

1）Ⅰ级降额，适用于

a）设备的故障将会导致人员伤亡、任务失败或装备与保障设施的严重破坏，并造成严重经济损失；

b）对设备有高可靠性要求，且采用新技术、新工艺的设计；

c）由于费用和技术原因，设备失效后无法或不宜维修；

d）对设备的尺寸、质量有苛刻的限制。

2）Ⅱ级降额，适用于：

a）设备的故障将可能引起装备与保障设施的损坏；

b）有高可靠性要求，且采用了某些专门的设计；

c）需支付较高的维修费用。

3）Ⅲ级降额，适用于：

a）设备的故障不会造成人员伤亡和设施的破坏；

b）设备采用成熟的设计；

c）故障设备可迅速、经济地加以修复；

d）对设备的尺寸、质量无大的限制。

对机械零件应采取提高平均强度、降低平均应力、减小应力散布和强度散布的方法降额，并选取适当的安全系数。装备选用的电子元器件、液压元件、气动元件、电机、轴承、各种结构件，应采用降低负荷额定值的设计，以提供更大的安全裕度。

6.2.7　冗余

冗余设计是提高系统安全性及可靠性的一种常用的技术。它通过采用多个部件或多个通道来实现同一功能以达到提高系统安全性及可靠性的目的。通常对影响产品安全的关键系统进行冗余设计。例如，为确保发动机可靠点火采用复式点火技术。

6.2.8　状态监控

状态监控作为尽量减少故障发生的一种方法，它持续地对诸如温度、压力等所选择的参数进行监控，以确保该参数不会达到可能导致意外事故发生的危险程度。因此，状态监控能够避免可能急速恶化为事故的意外事件。监控装置通常可以指示下述状态：

1）系统或其某一分系统或部件是否准备好投入工作，或正在按规定计划良好地工作；

2）是否提供所要求的输入；

3）是否产生所要求的输出；

4）是否存在规定的条件；

5）是否超过规定的限制；

6）测量的参数是否异常。

6.2.9　故障-安全设计

故障-安全设计的基本原则包括保护人员；保护环境避免灾难事

件，如爆炸或火灾；防止设备损伤；防止性能降低或功能丧失。故障-安全设计类别如下。

（1）故障-安全消极设计

可使系统停止工作且将其降低到最低的能量等级，系统在采取安全措施前不会运行，且不会由于导致不工作的危险而产生更大的损伤。

示例：

用于电路和设备保护的断路器或保险丝属于故障-安全消极装置。当系统达到危险状态或出现短路时，断路器或保险丝断开，于是系统断电，处于安全状态。

（2）故障-安全积极设计

在采取纠正或补偿措施前或启动备用系统前，使系统保持在带有能量而又安全的工作状态，以消除事故发生的可能性。

示例：

采用储备装置的冗余设计通常是故障-安全积极设计的组成部分。交通管制系统中的交通信号指示采用的是故障-安全积极设计，在交通管制信号的大部分故障模式中，信号是故障-安全积极的，即一旦发生故障，信号将转换成红灯亮，以这种方式进行交通管制将避免事故发生。

（3）故障-安全工作设计

使系统在采取安全措施前继续安全的工作。

示例：

引信具有故障-安全特性，若不能将弹头射到最小安全距离内时，引信不引爆战斗部。

（4）故障最小化设计

在上述故障-安全设计不可行的情况下，故障最小化可作为设计的目标。主要采用降低故障率、监控以及报废和修复等方法，尽量减少诱发事故的故障发生的可能性。

6.2.10　告警

告警通常用于向有关人员通告危险、设备问题和其他值得注意的状态，以便使有关人员采取纠正措施，避免事故发生。告警可按接受告警人员的感觉分为视觉、听觉、嗅觉、触觉和味觉等。某些关键情况下，往往同时采用视觉和听觉等方式告警。

（1）视觉告警

视觉是向人员传递危险信息的基本感觉。视觉告警的方法和装置有下述各类，它们可以单独或组合使用。

① 发光

它使存在危险的地点比周围危险少的区域更为明亮，以使人们把注意力集中在该地区。例如，障碍物发光可减少车辆、轮船及飞机碰撞障碍物的危险。

② 辨别

运行的结构及设备或可能被车辆碰撞的固定物体可涂上明显的、易辨别的颜色，或亮暗交替的颜色。例如，急救车上涂上便于辨别的颜色；有毒、易燃或腐蚀性气体或液体的管路和气瓶上也都涂上色码，以表示所含的危险。

③ 信号灯

着色的信号灯是一种指示存在危险的常用方法。这种信号灯可以是固定的或移动的，连续发光的或闪光的。信号灯所用的颜色表示下列意义：红色表示存在危险、紧急情况、故障、错误和中断等；黄色表示接近危险、临界状态、注意和缓行；绿色表示良好状态、继续进行、准备好的状态、功能正常和在规定的参数限度内；白色（用于指示板时）表示系统可用、系统在运行中。闪光灯（或移动灯）用于引起注意或指示紧急事件。例如，飞机告警、急救车和飞机的翼尖灯都是采用闪光灯。

④ 旗子和飘带

这些常用作告警装置来表明安全或危险状态。飘带用于提醒注意，例如表示军械上已装上了保险（这种锁在使用前必须拆下）。旗子用于表示危险状态。例如，航空仪表出现小旗，表明仪表已有故障，不能工作，舰船上的旗子可表示在装卸爆炸品或船上有病人等危险状态。

⑤ 标志

它用于表示某设备具有危险，例如，指出电子设备的高压电源；给出载荷、速度或温度限制；发出压力危险的警告；指出具有放射性设备危险的处理方法；在飞机等系统某些易受损坏的部件涂上“禁止踩踏”的标志。

⑥ 符号

最常用的符号为固定符号，例如，指出弯道、交叉路口、窄桥、滑路或其他危险的路标。指示特定危险的符号为统一的、有特殊形状和颜色。目前，各国越来越多地采用国际通用的符号来标志各种危险材料（如易燃物、易爆物、有毒气体和腐蚀物）、储存罐或其他容器。

⑦ 规程注释

注释包括操作和维修规程、说明书、细则和检查表中的告警和注意事项。这些注释可使有关人员注意到危险、错误的可能性和影响，应采取专门的措施和必须的保护装置、服装或工具。

（2）听觉告警

听觉信号在其作用范围内可能比视觉信号更为有效，例如，警报器比起闪光灯更有效。听觉信号用来表明紧急情况的类型和必须遵循的应急程序。听觉告警有时与视觉告警配合，提醒人员注意视觉告警提供的详细信息。

（3）嗅觉告警

嗅觉告警的应用案例如下：

1）芥子气等某些毒气具有特殊的气味，它可给出告警并可据此确定气体的类型。

2）在本身无味的易燃和易爆气体中加入有味的气体。例如，除去了硫化物的天然气是无味的，为防止天然气在屋内泄漏而引起失火或爆炸，在其中加入少量气味很强的硫醇等气体。

3）设备过热通常会产生告警性气味。例如，气化温度较低的润滑剂用于轴承中，当轴承由于过度磨损而引起过热时，润滑剂挥发便可使操作人员闻到气味，以警示轴承过热。

4）对燃烧后所产生的气体气味的探测可发现火灾的部位。例如，塑料和橡胶这类材料燃烧后具有特殊的气味，它可表明被燃烧的物质及其可能的位置。

（4）触觉告警

触觉告警的应用案例如下：

1）设备过度振动表明设备运行不正常并正在发展成故障。例如，进入磨损状态的转轴、轴承或发动机等运转中的剧烈振动。振动幅值的大小可表示问题的严重性。

2）温度敏感是另一种触觉告警方法。如维修人员通过手的感觉可确定设备是否工作正常。温度升高意味着设备已有故障需要维修，或设备性能满足不了要求，或设备承受异常的载荷。

6.2.11　标记

标记作为一种特殊的目视告警和指示手段，在设计时需要考虑许多因素，最重要的是标记所要告警或指示的人员类型（如操作人员、维修人员或其他人员）。语言、经验和技能也可以作为标记设计考虑的一部分。

（1）设计要求

为在任何情况下都能充分提供告警，标记必须包括的基本信息如下：

1）引起可能处于特定危险下的使用人员、维修人员或其他人员注意的关键词；

2）对防护危险的说明；

3）对避免人员伤害或设备损坏所需措施的说明；

4）对不采取规定措施的后果的简要说明；

5）在某些情况下，也要说明对忽视告警造成损伤后的补救或纠正措施，如毒药的解毒剂、电击事件中的急救说明。

6.2.12 损伤抑制

只要存在危险，尽管可能性很小，总存在导致事故的可能性，但目前尚不可能准确确定事故何时将发生。因此，设计人员必须采用各种可能抑制损伤的方法，保证人员和设备免受损伤。

（1）物理隔离

物理隔离常用作尽量减少事故中能量猛烈释放而造成损伤的一种方法。隔离技术有距离、偏向装置和限制。这些技术可限制初始的、不希望事件的后果对邻近人员和（或）装备的伤害和损伤。

1）距离：涉及炸药的一种常用的物理隔离方法是将可能的事故地点设置在远离人员、材料和建筑物的地方。

2）偏转装置：偏转装置也可作为物理隔离。例如，炸药与其他重要设施之间的隔墙就是一种转向装置，它吸收部分爆炸能量，并使其余的能量向不会造成伤害的方向偏转。

3）限制：限制技术是用于控制损伤的另一种常用的隔离方法。在工程设计及施工中，常用限制技术来减少事故造成的后果。例如，为限制事故中材料失火的扩散，应在邻近的区域喷水冷却，以防止引燃其他物质。在有毒液体和易燃材料的储存罐周围开设壕沟，以防泄漏外流。

（2）人员防护设备

人员防护设备向使用人员提供一个相对可控的环境，将使用人员与外界危害隔离开。人员防护设备由穿或戴在身上的外套或器械组成。

人员防护设备主要用于在危险区域进行各种操作和应急情况下的操作的情况下，特别是在应急情况下，为了尽量减少危险的发生和尽量减少伤害和损坏，人员的防护设备的设计应是简单而且穿戴迅速，并不会过度地限制使用人员的灵活性和能见度，本身的可靠性高，不会产生危险。

防护设备的设计和试验应确保最大限度地满足下列要求：

1）在储存中或在所防护的环境中不会迅速退化；

2）不会因正常移动中的弯曲、极限温度、阳光照射或其他有害环境而变脆、开裂；

3）作为防毒或腐蚀性液体或气体而设计的服装具有密封性；

4）用于防火的外套应是不可燃的或可自动熄火的；

5）储存应急防护设备的设施应尽可能地靠近所用设备的地区，但又不能近到应急情况下受影响而拿不出来的程度。储存点还应易于达到，并有便于识别的标志；

6）应有简单、清晰的说明书以说明防护设备的装配、测试和维修的正确方法。

（3）能量缓冲装置

能量缓冲装置是一种防护设备，它可以保护人员、器材和灵敏设备免受冲击的影响。例如，座椅安全带、缓冲器和车内衬垫可降低事故中车内人员的伤亡。此外，储存或运输容器内的泡沫塑料和类似的软垫材料，在容器跌落或剧烈振动时，可保护容器内的物品免受损坏。

6.2.13　逃逸、救生和营救

逃逸和救生是指人们使用本身携带的资源自身救护所做的努力；营救是指其他人员救护在紧急情况下受到危险的人员所做的努力。从意外事件发生直到从紧急情况下恢复，消除危险和可能的损坏，隔离不利的影响和恢复正常的状态等努力都失败后，逃逸、救生和营救便是不可缺少的；因为生命攸关，逃逸、救生和营救是最后的救助手段。

逃逸、救生和营救设备对于所需的场合来说是极为重要的，但只能作为最后依靠的手段来考虑和应用。系统设计应尽量采用安全装置和规程，以避免采用逃逸和营救设备。然而，在危险不可能完全消除时，必须采用逃逸、救生和营救设备。

需要注意的是，逃逸、救生和营救设备必须作为系统的安全性关键项目来处理，设计时应进行全面的分析和试验，确保以极低的故障概率满足其预期的目标。

6.2.14　薄弱环节

从安全角度考虑把薄弱环节设计到系统中，使其在系统中安全性关键部位出现故障将造成严重后果前发生故障，从而把可能的危险影响降低至最小。通常包括：

1）电薄弱环节。电路中常用保险丝，在出现短路造成的过载时断开电路，以防止出现火灾或其他严重事故；

2）热薄弱环节。用热敏装置作为薄弱环节的设计；

3）结构薄弱环节。在系统中设计某个低强度元件，使结构超载时在特定部位破坏以减少事故的危害性；

4）机械薄弱环节。最常见的是靠压力起作用的机构保险隔膜，若发动机在意外情况下点火，则燃气会使安全隔膜破裂、喷出燃气，燃气将从两个相反方向排出，使发动机保持静止，不致酿成严重事故。

6.3　型号安全性设计要求

6.3.1　武器系统安全性设计

6.3.1.1　武器系统布局

在进行阵地布局设计时，应规定装备之间的最小距离，以确保各装备之间不会产生电磁或机械干扰，并避免布局不当影响对目标的探测和敌我识别。

6.3.1.2　允许发射条件

导弹应在满足以下条件时才能发射：

1）应设置导弹安全射界，并确保只有当发射系统指向安全射界时，导弹才能发射；

2）探测制导跟踪系统工作应正常，且未受到外界环境干扰；

3）必要时应确保座舱盖或车门按规定关好时才可发射。

6.3.1.3　电磁辐射防护

电磁辐射防护安全性设计要求如下：

1）微波辐射安全限值按照 GJB 5313－2004《电磁辐射暴露限值和测量方法》的规定执行；

2）在武器系统的技术说明书和使用维护细则中应有说明，规定雷达天线启动高压后的安全区域，以避免人员处于辐射区域；

3）对于所有电激励的辐射装置，应确保操作员和指挥员的控制台上装设可靠的装置来控制辐射的输出和各种辐射特性；

4）设置天线/负载开关，对雷达进行维护时可控制天线的电磁辐射；

5）在电磁辐射超过标准的作业区，应对辐射源进行屏蔽或加吸收负载，操作人员应穿着防护服，带防护镜，以减少电磁辐射对人体的危害；

6）对强辐射作业区以及大功率辐射天线应加设告警装置；

7）雷达加高压时应以警示灯、声音等形式告知周围工作人员。

6.3.1.4　吊装、装填

吊装、装填安全性设计要求如下：

1）在设计时充分考虑吊装设备结构的强度和刚度要求，应通过计算与试验保证吊装设备有足够的机械可靠度，确保不同承载方式下的安全性；

2）应进行导弹装填设备在各种工况下（处于最恶劣的有风、动载的工况下）的稳定性计算，并采取多种设计措施确保在装填过程中筒（箱）弹不会发生倾翻；

3）起重机吊钩应有保险装置，吊具上应有锁紧装置；

4）各个起重点和起吊点应有清晰明确的标记；

5）装填设备在不同的工作状态均应设置锁定机构适时锁定，锁定机构应设有防止误操作的措施，同时应有标识表明锁定机构的不同工作状态；

6）装填设备应在结构设计上考虑筒（箱）弹的安全，抓弹机构上应设置缓冲器，以减小提升到位后对筒（箱）弹的冲击；

7）各连接部位连接应牢固，由手动操作各锁定机构；

8）筒（箱）弹装填时，应避免在松软土地和沼泽地作业；

9）应明确导弹吊装、装填操作的环境要求，如风速等；

10）应根据吊装、装填的最大高度确定相关火工品的安全跌落高度，并对相关火工品通过跌落试验进行考核。

6.3.1.5 防止误发射

防止误发射安全性设计要求如下：

1）对指控系统、发控系统均应采取软、硬件相结合的措施防止在作战、训练或测试维护阶段下的导弹误发射；

2）在显控台上设置发射允许钥匙和带护盖的发射按钮；

3）发控系统安全性设计措施如下：

a）发控设备通电后，执行分系统级的加电自检，确保导弹发射前系统状态正常；

b）对于高速串行数据通道、导弹供电电源参数等安全性关键功能或指标，应进行实时监控；

c）导弹发射前，只有在导弹回报的检测信号处于正常状态的情况下，发控程序才能进行，否则便自动停止；

d）实施发射时，一旦因异常必须中断发射时，只要发控执行系统尚未给出弹射指令，不可逆过程就可通过发控计算机控制而强制终止；

e）导弹供电电路和导弹不可逆控制电路应确保安全可靠，如采用多对触点串联来依次接通各控制环节。

6.3.1.6　发射安全

发射安全的设计要求如下：

1）应根据武器系统的作战半径，明确试验警戒区域；

2）应避免发射时导弹与发射装置产生机械碰撞；

3）发射过程中，若发射平台出现不正常情况（如发射平台倾翻、导弹未弹出发射筒等），应确保发动机不会点火、战斗部不会引爆；

4）在发射过程中，若出现故障，应能紧急断电，保证停止发射，在规定时间内能安全地将导弹撤离发射车；

5）为了确保作战时地面设备及人员安全，战斗部应有三级解保装置，并应设置合理的三级解保时间来保证导弹发射后战斗部不会在规定的距离内爆炸；

6）垂直发射的导弹安全性设计要求如下：

a）为避免导弹发射后发动机未点火跌落在发射车周围，应充分采用可靠性设计措施（如：复式点火），确保导弹在满足点火条件时发动机能够可靠点火；

b）为确保导弹发动机尾焰不对发射车上设备及附近地面装备造成损害，应根据系统的具体情况确定导弹发动机安全点火高度；

c）应根据导弹弹射高度确定弹上火工品的安全跌落高度，并保证火工品在安全跌落高度内跌落不会爆炸，以确保当垂直冷发射时发动机点火出现瞎火而导弹跌落时，弹上火工品不会对周围环境产生严重危害；

d）应开展快速转弯失控状态分析；针对稳定控制系统失效的最坏情况，应通过仿真计算导弹落点为安全距离时发动机的点火时机。

6.3.1.7　自毁

导弹自毁安全性设计要求如下：

1）导弹应具有自毁能力，可以通过引爆战斗部或其他方式进行自毁；

2）自毁装置不应被敌方的对抗措施诱发；

3）为确保阵地安全，导弹的自毁功能应在满足一定条件后才可执行（如：规定导弹飞行一定距离后才可执行自毁）。

6.3.1.8 防雷

防雷安全性设计要求如下：

1）可通过架设避雷塔等手段避免作战装备遭受直接雷电的强电流损坏，具体包括：避雷针设计、引下线设计、接地设计；

2）应开展方舱及舱外电缆的屏蔽设计抑制雷电伴生的强电磁脉冲，即：方舱和电缆的屏蔽设计；

3）应对装备的天线端口和舱外电缆端口安装浪涌保护装置，防止强电磁场在装备天线端口和电缆端口耦合产生强电流和高压，即：瞬态抑制器（SPD）设计；

4）应保证装备壳体良好搭接及良好接地，以泄放耦合干扰电流，包括：等电位设计和接地设计。

6.3.1.9 应急发射

对于舰空导弹，应根据用户需求，紧急情况下（如舰面着火等）应能应急发射或应急投掷导弹。

6.3.1.10 其他

武器系统其他有关安全性设计要求如下：

1）在开展武器系统各项设计时应充分利用国外、国内成熟的先进技术，继承已有型号的成功经验与成熟技术；

2）对武器系统全寿命周期的环境历程及环境条件进行分析，针对各种环境因素开展环境适应性设计，确保武器系统在各种恶劣环境下（包括：电磁环境、自然环境、力学环境等）都安全可靠，且不会发生误操作；

3）装备及筒（箱）弹外露的插头应选用防水插头；

4）武器系统各装备对于危险源和危险操作应通过标签、说明书和培训材料规定产品的使用条件和注意事项，并制定相应的操作规程；

5）对安全关键软件，应按照 GJB 900A 要求，在软件开发的各个阶段进行有关的软件危险分析；

6）作战和维护软件严格按照软件工程规范开发，确保武器系统运行的软件版本的正确性、安全性。

6.3.2　导弹系统安全性设计

6.3.2.1　导弹

（1）电磁与静电防护

电磁与静电防护设计要求如下：

1）导弹电磁发射和敏感度控制应符合 GJB 151B－2013《军用设备和分系统电磁发射和敏感度要求与测量》的相关规定；

2）在导弹及发射筒（箱）上的电发火管前一般应加电磁滤波器；

3）为了防止静电积累效应，发射筒（箱）应为完整屏蔽体，避免筒（箱）内导弹上感应静电；

4）为消除或减少静电危害，应根据静电的充放电对产品，尤其是火工产品的各种影响，从设计、制造、装配操作、测试、试验等各个环节，采取相应的防护措施。

（2）机械结构

机械结构安全设计要求如下：

1）导弹结构在规定的任务剖面和寿命剖面内，应满足强度和刚度的要求，安全系数一般应不小于 1.50；

2）应确保筒（箱）弹与发射装置连接可靠，以防止在运输、船摇、转塔转动等力学环境下筒（箱）弹从发射装置上滑落；

3）带有发射筒（箱）的导弹，其前盖抛出机构的动作应安全可靠。应正确设计筒（箱）盖抛出的运动轨迹和初速，确保在最恶劣的风向条件下不会与发射后的导弹碰撞。

（3）材料

导弹材料选用要求如下：

1）除燃料、液压油、润滑油、火工品材料和辅助材料外，其余材料应按下列优先顺序选用：

a）不易燃材料：在537℃以下不自燃；

b）有阻燃能力的材料：无明火时不自燃；

c）缓燃材料：垂直燃速不大于5 cm/min。

2）除非必须，并得到特许外，不应使用在预定的加工、贮存、使用条件下，产生有毒、有害影响的材料（不包括燃料、人工制品材料）。

3）应优先选用抗盐雾、防霉菌腐蚀、耐潮性能好的材料。不宜使用在预定条件下性能不稳定并产生腐蚀性物质，或在组件内引起腐蚀的材料。确需使用时，应采取有效的抗盐雾、防霉菌腐蚀和防盐雾措施，并经订购方认可方可使用。

4）导弹所用液压油、润滑剂、高压气应符合有关标准的规定，除另有规定外，不应使用易燃、易爆油、气。

5）弹体结构材料应具有符合设计要求的机械性能和热强度，并充分考虑所受高温、高湿、机械振动、气动加热等工作环境的影响，保证在静载荷、疲劳载荷、冲击载荷、最大瞬态载荷、振动载荷及热载荷等集中加载作用下的材料机械性能。

（4）测试

导弹测试安全性设计要求如下：

1）应采用高输入阻抗的专用导弹火工品测试设备进行导弹火工品测试；

2）火工品通路与弹上其他信号通路分开，且测试项目编排顺序相互制约，以防测试时出现误点火；

3）筒（箱）弹在非测试状态下应采取短路保护措施，以避免导弹意外点火。

6.3.2.2　火工类产品

（1）一般要求

火工品的安全性设计要求如下：

1）火工品安全性应符合 GJB 1307A－2004《航天火工装置通用规范》、QJ 3198－2004《航天火工装置安全技术要求》的要求；

2）应根据对火工品的风险分析结果完善设计，所有风险应通过试验或经验加以评定，受风险影响的人员配置应尽可能减至最少；

3）使用新药剂应经过安全性能试验，证明符合安全技术要求；

4）药剂分解、自燃、熔化的最低温度应比操作、贮存、运输、使用时的最高预示温度至少高 30℃；

5）各型火药柱在其使用寿命期内，不应出现裂纹、变形、变质、脱粘等现象，对此，应规定相应的检查和检测手段及处理方法；

6）各型火药柱在其使用寿命期内应具有良好的物理安定性、化学安定性和稳定性，避免使用剧毒性物质，确需采用时，应有安全可靠的防护措施；

7）药剂、药柱与壳体、容器、包装材料以及其他材料之间应具有良好的相容性，以保证其在使用寿命期的各种历程下，长期共存而不起化学反应和物理变化，从而保证其安全性；

8）火工品安全性设计应满足产品误爆时对人员、设备、设施造成危险性最小的要求；

9）应尽可能采用钝感发火元件，保证 1A1W5 min 条件下不发火，安全测试电流≤50 mA；

10）火工品的供电应设单独电源，配以专用电连接器；

11）应尽可能采用两套以上独立的点火系统进行火工品点火；

12）火工品的试验、使用、销毁以及有关包装、运输、贮存的安全性应符合 QJ 3198 的要求。

（2）发动机

发动机的安全性设计要求如下：

1）发动机与弹体之间的连接结构应具有足够的强度和刚度；

2）发动机承受了规定的温度、压力和力学等环境后，在规定的工作温度范围内应能安全、可靠点火；

3）发动机的点火应采取多级保险，以确保导弹在规定的条件下安全起飞；

4）应采取防止意外点火的措施，保证发动机在运输、装卸和贮存时的安全；

5）发动机的强度、刚度应满足地面、发射和飞行时载荷条件的要求，燃烧室壳体设计载荷安全系数应符合 GJB 1026A－1999《固体火箭发动机通用规范要求》；

6）燃烧室壳体检验验收压强应符合 GJB 1026A－1999《固体火箭发动机通用规范要求》；

7）点火系统安全性设计应符合 GJB 2865－1997《火箭和导弹固体发动机点火系统安全性设计准则》；

8）燃烧室药柱应符合 QJ 1453A－2004《固体火箭发动机燃烧室药柱通用规范的要求》；

9）药柱力学性能满足点火冲击、力学、温度等外界环境变化而引起的应力作用；

10）药柱和界面应耐老化，满足长期贮存的要求；

11）燃烧产物只能从发动机的喷管喷出；

12）发动机点火时喷出的堵盖以及喷出的颗粒和残余物不应危及发射装置和阵地其他装备的安全；

13）考虑作战过程安全，应确保发动机装药受到枪击后不发生爆炸；

14）针对姿轨控动力系统中的液体推进剂，应专门制定安全使用规则，对其贮存、加注和泄出、清洗、废气和污水处理、操作场地以及紧急救护等做出明确规定；

15）姿轨控动力系统中的气瓶和贮箱设计应考虑足够的安全裕度（安全系数≥2）。

（3）战斗部

战斗部安全性设计要求如下：

1）战斗部应采取三级保险设计，以确保导弹在引战配合要求的条件下可靠引爆战斗部；

2）战斗部装药应是国家有关部门规定允许使用的炸药，不应使用已经限制使用的炸药；

3）在满足战术技术要求的条件下，装药与接触材料间尽量采用钝感雷管；

4）考虑作战过程安全，应确保战斗部装药受到枪击后不发生爆炸。

（4）引信

引信安全性设计要求如下：

1）引信安全性应符合 GJB 373A－1997《引信安全性设计准则的要求》；

2）引信应能确保无误动作并可靠输出起爆信号；

3）引信应有抑制光电干扰产生的信号输入到起爆线路中的功能。

（5）安全执行机构

安全执行机构的设计，除执行 GJB 373 A－1997《引信安全性设计准则的要求》有关安全要求外，还应满足以下要求：

1）安全执行机构应有故障保险设计特性。

2）安全执行机构应至少包括两个独立保险件，具体要求如下：

a）每一个保险件都应能防止引信意外解除保险（启动）；

b）安全执行机构的设计应尽量避免被发射之前可能受到的环境触发；

c）至少有一个保险件由发射后的环境触发。

3）爆炸序列应符合以下隔爆要求：

a）爆炸序列应至少用两个独立保险件机械地直接锁定在保险位置上，这些保险件在发射前不应移动；

b）应根据导弹战斗部的最大杀伤半径确定预定解除保险距离；

c）处于保险状态时，任何一个火帽和传爆管的起爆不允许引起传爆系统的进一步起爆；

d）在解除保险程序开始前引信爆炸序列的隔爆效能，应按照有关起爆件安全性试验进行定量测定。

4）安全执行机构应提供延期保险功能，以保证在规定的所有使用条件下均能达到安全距离要求。

5）应采取设计措施确保在导弹总装过程中，安全执行机构始终处于未解除保险状态。

6）安全执行机构不应兼作导弹内其他设备、电路或电爆装置的安全装置。

6.3.2.3　弹上电气系统

弹上电气系统包括弹上电池、弹上电缆网和电气控制装置。弹上电气系统除开展一般电气安全性设计外，还应满足以下要求：

1）弹上电池的最大激活电流（安全电流）值应确保导弹在发射前电池不被激活；

2）弹上电池在规定的贮存期内及正常使用环境下不允许泄漏；

3）弹上电池应有可靠的激活措施，电压、电流输出应稳定；

4）应采用多点多线提高点火可靠性和安全性；

5）点火线路的设计应有保险开关，使电发火元件与其点火电源之间能电气断开；

6）火工电路设计应充分考虑到导弹在贮存、运输、测试、发射准备以及飞行过程中的安全；

7）对电缆组件应适当的接地和使用屏蔽线，以减少电磁干扰；

8）导弹电缆网及各电路的设计都应有严格的搭接和接地要求，以防止电击或火花的产生；

9）安全执行机构应设置初始状态检查电路，初始状态检查电路正常是导弹供电的前提条件；

10）发动机点火器、安全执行机构解除一级保险所需能源应由弹上点火电池提供，点火供电应形成单独的网络，与其他供电网络隔离，以免出现地面使用时出现误点爆；

11）导弹上的所有为点火提供能量的电路均应有防止过早产生点火信号的措施；

12）点火电路在安全执行机构处于安全状态时应断开；

13）点火回路设置限流电阻，避免火工品引爆后短路引起回路电流过大，损坏点火电池；

14）点火回路中继电器原则上应选用固态继电器，不使用电磁继电器，避免触点粘合，导致持续大电流引起点火电池能量过早消耗。

6.3.2.4　弹上电子设备

弹上电子设备的安全性设计要求如下：

1）电子设备安全性设计应符合 QJ 2043－1991《电子设备安全技术要求》；

2）有辐射源和对电磁辐射敏感的设备，应采取可靠的屏蔽措施，以减少辐射和被辐射的影响；

3）电子设备中有绝缘要求的部分，应结合设备所经历的环境历程，采取可行的绝缘措施；

4）有热源的电子设备，设计时应充分考虑散热问题；无热源的电子设备，应考虑热防护性能；

5）需要接地的电子设备，接地电阻应满足规定的指标要求。

6.3.3　地面装备安全性设计

6.3.3.1　车辆装备

（1）行驶安全

车辆行驶安全性设计要求如下：

1）车辆行驶时，应保持一定的制动能力，除主泵外，通常应配备应急泵，若主泵在行驶中发生故障，可启动应急泵，使制动系统保持足够的压力；

2）当制动压力低于一定值时，应发出报警信号；

3）应设置锁定或固定机构，将车辆固定在运输平台上，并将车辆上装设备等固定在运输时要求的位置上；

4）对于带有燃气轮机的车辆，为防止燃气轮机工作时尾焰伤及人员和设备，应明确燃气轮机启动时的危险区域；

5）新设计的车辆或拖车应采取双管制动，以增加牵引车刹车的同步性和安全性；

6）连接车辆的取力器与被驱动设备之间的传动轴以万向轴节连接时，倾斜角一般不应大于 8°，只有当输出功率不大且工作时间不长的情况下，允许略有超过；

7）车辆底盘的气、液管路系统不宜平行和相互靠近，以免行驶时相互撞击损坏。

（2）操作安全

操作安全性设计要求如下：

1）车辆处于展开调平状态时，不允许接通行驶驱动控制电路；

2）需登高作业的地方应设置有安全带挂钩等安全设施。

（3）电气安全

电气安全性设计要求如下：

1）装备车体接地，组合、机柜设置安全地，组合、机柜安全地与车体连接；

2）在外供电情况下，为保证人员安全，供电车、装备车体应接地；

3）应有指示灯指示外供电源相序，防止外供电源因相序错误造成电机类设备反转；

4）应有供电电源的绝缘状况显示，提示乘员在绝缘下降时停机检查电源，保护电机安全；

5）车辆内应安装供电状态指示灯，显示供配电状态；

6）车辆内应设置安装断路器和保险丝，在设备出现过载时保护电源和负载不被损坏；

7）应采用漏电保护器进行安全防护，并对漏电保护器采取减震措施，防止振动、冲击造成漏电保护装置机械损坏；

8）当指挥系统与发射车、雷达系统之间采用有线通信线路连接时，在通信线路的两端收发电路均应设光电隔离装置。

（4）防火

设备舱顶板、驾驶舱与设备舱之间隔板、电缆护套均应采用阻燃材料，各舱室均应配置灭火器。

6.3.3.2　雷达

雷达安全性设计要求如下：

1）雷达设备舱内应设置各种报警装置，如空调异常报警、过载报警等，液压油箱内安装油温自动控制装置或过热报警装置；

2）高压部件和电路的裸露连接点，应有人员接触防护和意外短路防护设计；

3）裸露在面板外的可操作器件（断路器、开关等），必要时应有护板、护罩或其他措施，以防止人员误触造成的伤害；

4）发射机舱应有湿度报警装置，应规定发射机凝露时禁止加高压；

5）在潮湿的环境中，不应开启发射机舱门，应进行相应除湿处理才可加电；

6）大型结构件如天线、天线起竖装置在进行结构设计时，充分考虑载荷分布特性，对支撑件的强度、刚度要求留有足够的安全系数。

6.3.3.3　转动装置

转动装置安全性设计要求如下：

1）应采取软件和硬件措施，以防止转塔、天线座等转动装置误转动；

2）对转动装置应有限位保护措施；并设置角度显示器和限位角度指示灯，使乘员对装置限位的情况能够进行监控；

3）对转动装置应设置紧急制动按钮，在失控时，可手动终止其转动；

4）应标明转动装置的危险工作区域；

5）转动装置应设有告警设施，并能够在转动装置启动前进行报警；

6）影响发射转塔转动的任何一个环节未解锁，且导弹未固定好之前伺服系统的供电电路应处于断开状态；

7）机械止挡板限位之前，应先切断供电电源，以防在电驱动状态下发生碰撞，烧毁电机；

8）在乘员上转塔进行设备检查维护时，应使用伺服开关和工作/维护开关关闭伺服机柜电源，避免误操作造成转塔伺服设备动作伤害塔上人员。

6.3.4 电气和电子产品安全性设计

6.3.4.1 接地与搭接

接地与搭接的安全性设计要求如下：

1）设备的设计应保证所有外部零件、表面和壳体（天线和传输线终端外表面的射频能量除外）在正常工作期间始终处于接地电位的状态；

2）除同轴电缆外，在任何情况下，不应以屏蔽装置作为载流接地线；

3）所有产生电磁能的电气和电子组件或部件都应设有从设备外壳到结构的低阻抗连续通路（搭接线）；

4）除射频电缆外，所有输入电源电缆和接到其他设备上的互连电缆都装有接地线，接地线应通过连接器上的接线端接到机壳或机座上，且只能用于提供接地电位；电源回线不能作为接地线；

5）组件应搭接或接地，以供静电放电；

6）从设备到接地线的通路应是连续的和永久性的，有足够的载流能力和足够低的阻抗，且接地线应有足够的机械强度；

7）系统应设计成能防雷击，应装有保护装置以使电流、感应电场和其他损坏方式的影响降至最小。

6.3.4.2 防电击

1）电压（均方根值或直流）大于30 V小于或等于70 V时，防电击要求如下：

a）在整个设备正常工作期间和更换保险丝和电子管时，要防止意外接触；

b）应能从电容器电路自动放电，以便在2 s内将电压放电到30 V以下。

2）电压大于70 V小于或等于500 V时，防电击要求如下：

a）所有触点、接线端和类似装置应设有挡板或防护罩，挡板或防护罩应设置安全标志，提醒操作人员拆除挡板或防护罩后可能碰上高压电；

b）如果不满足1）中预防措施要求时，主要装置的隔舱门、盖板应装有联锁装置，在打开此联锁装置时应能切除外露接头上的所有大于70 V的电压；联锁装置可以是旁路型或者是非旁路型的；

c）断电后2 s内放电达不到30 V以下电压的电容器电路或装置，按2）的要求，其入口应是联锁的，或装有合适的接地棒和接地线；

d）设备应设置测试点，使所有高电压能够在较低的电压级上测量；当设备在工作和维修时，使用电压超过300 V峰值时，需要测量此电压；

e）在设备说明书或维修手册中应详细规定在设备测试点上测量电压的方法；

f）在需要制止动作的地点设置警报装置，如警铃、警报器、警告灯等，必要时可同时设置多种警告手段；

g）凡需在高压部件附近工作的调整点，或不易见到的调整点，应设置改锥导向装置以避免引起危险；

h）应正确选择传输动力的电连接器芯的针或孔的使用场合，凡动力传输出口的连接器，在设备上应为孔座，在电缆上应为针头；

凡动力传输入口的电连接器，在电缆上应为孔头，在设备上应为针座，以提高操作人员的安全性。

3）其他要求如下：

a）系统设计应采用各种防护设计方法，使操作者在整个设备的正常工作期间不会意外接触危险电压；

b）应考虑各种电气或电路故障可能产生的危险，并采取相应的安全性设计措施；

c）控制器的设计和安装位置应能防止可能造成人员伤害或设备损坏的意外动作；

d）应规定当安装、拆换或互换整套设备、分系统或任何其他产品时切断电源的方法，不具备热插拔功能的产品禁止带电插拔；

e）结构上相似，但电气上不能互换的部件应采用防误插措施；

f）应采取相应的设计措施对电路瞬态过应力进行防护。

6.3.5　结构和机械设备安全性设计

6.3.5.1　防护、安装和减振

结构和机械设备防护、安装和减振的安全性设计要求如下：

1）当产品处于运转状态时，应提供防护装置，保护操作人员免受运动部件（例如，齿轮、风扇、皮带、支架或运行中的其他装置）造成的伤害；

2）防护装置不应妨碍对那些发生故障后可能引起危险状态的机械进行检查；

3）当维修、调整、校准或其他原因需要接触产品内的部件时，或需要拆除旁路任何保护装置时，应设有可靠的锁定装置、联锁装置或禁止装置以防止有危险的装置运转；

4）产品设计应避开共振频率；

5）减振装置应按减振架所设计的方式安装，不应随意安装；为使减振支架工作正常，电缆和软管应有足够的长度；

6）支承件、固定夹、导轨、电缆卡箍和安装螺钉应能在预期最

大加速度条件下支承装在其上的装置；

7）一个系统中可能因跌落或松动的物体、维修工具、碎片或移动的产品而损坏或压坏的关键活动组件或零件，应采用隔板、防护装置、保护罩等进行保护；

8）在可能的情况下，活动部件应能防止液体渗漏，防止在产品上或产品内凝结过热的和易燃的气体或液体；

9）应防止由于磨损、操作人员的动作、装卸或类似危险产生的机械损坏。

6.3.5.2　使用、维修和起重

结构和机械设备使用、维修和起重的安全性设计要求如下：

1）对于叶片、齿轮、皮带轮等运动机械部件，均应加设防护罩板以保证人员安全；

2）设备底座上应安装把手或类似的设施，以便于将底座从机壳中搬出；底座上还应设有支耳或采用其他手段，以便进行维修需要翻转时，不致压坏底座上面的部分；

3）大型或重型的部件应是可拆装和更换的，而且其拆换不应损坏周转部件、不应对人员造成危险；

4）当机壳、部件或其他大型装置能够从其正常的机架位置或机座上拆下进行修理时，应设计成能够在平滑的平面上进行修理而不损坏其零件；

5）在人员需接近的金属制品、机柜、抽屉、结构和组件上应避免出现锐角、凸出部位和锐边；

6）门和抽屉均应装锁，并防止锁意外打开，避免松开时伤人或损坏装备；

7）铰接在产品壳体的护罩在其打开位置上应有固定装置，以防发生偶然关闭事故而伤人；

8）应严格遵守表 6 - 7 所列出的质量限制，质量大于表中一人举起限制值的产品应在显著位置上标出质量指示值和提起方法的限制，如采用机械吊起或两人抬起；

9）在需要用机械或动力起吊的地方，应规定起吊点位置并应标志清晰；

10）用机械方法起吊的笨重产品应配备适用的起重吊耳或吊环螺栓，并标有被吊组件的质量；

11）质量的分布应有利于产品的搬运、装卸或定位；质量大的部件应尽可能靠近承载结构并尽可能安置在低处；

12）起重把手设置的位置应不会卡住其他装置、导线或凸出部位，在危险的场合下把手应做成嵌入式的而不是拉伸式的。

表 6-7 设计质量限制

距地举起高度/m	产品最大质量/kg
1.5	16
1.2	23
0.9	29
0.6	36
0.3	38

注：表中所示参数均为一人举起的条件下。

6.3.5.3 连接和固定

结构和机械设备连接和固定的安全性设计要求如下：

1）组件应连接牢固，以防经受振动或冲击时接头分离；

2）部件的紧固应保证单个紧固件失效不会使部件完全松开；

3）在拆卸作业时，若螺栓、螺母掉落可能使产品损坏或产生任何其他不安全情况（如使电气系统发生短路或可动装置卡住），应使用系留螺栓和螺母；

4）在封闭腔内，一般不应用弹簧垫圈，防止出现松脱而不能发现的情况。

6.3.5.4 其他

结构和机械设备安全性设计的其他要求如下：

1）在腐蚀或污染可能使机械系统中有严格安全性要求的产品损

坏或故障的情况下，应采用耗损和分解作用最小的材料和液体；

2）各种可展开及可伸缩的结构，如掩蔽屏障、千斤顶、机座、支柱、三角架等的设计应考虑各种凸块、锐缘或可能对人员或有关产品产生的危险。

6.3.6　压力容器安全性设计

压力容器的安全性设计要求如下：

1）应执行 QJ 2966－1997《导弹和航天器压力系统安全设计和安全工作通用要求》中有关安全性设计的规定；

2）压力容器应有足够的强度和适合的刚度；

3）压力容器应采用可靠的工艺方法，以减少应力集中；

4）压力容器的安全系数应不小于 2.0；

5）可能承受高压的压力容器及管道应设置减压阀、排泄口或安全隔膜，这种减压阀、排泄口或安全隔膜的动作压力应小于可能造成损坏的压力；

6）压力敏感设备应能经受最大压力波动的影响，或者采取压力波动保护措施。

6.3.7　防毒和防噪声安全性设计

6.3.7.1　防毒设计

防毒设计要求如下：

1）在设备的设计中，在满足设备使用任务要求的同时，应使用对操作人员产生毒性危险最少的材料；

2）密闭操作室的装备应具有关闭空气口的能力；

3）装毒性材料的容器应有告警标志；

4）涉及毒性物质操作时，应为相关人员配置防护服以及相关防护设施和应急处理设施。

6.3.7.2　防噪声设计

防噪声设计要求如下：

1）根据相似设备的外场数据，确定现有设备可能产生的声级和频率范围，表 6 - 8 给出了国军标对于装备噪声限定值的具体规定；

2）如果预期噪声将不可避免的超过允许的水平时，应设计隔音罩、隔音壁和隔音垫来控制传到操作人员所在位置的噪声；

3）隔音壁和隔音挡板的设计应采用铅或其他软材料和公认的吸音设计方案。且该类材料的使用不应造成严重的设计问题；

4）如果由于性能要求或军事需要而不能使噪声降低到可接受水平，则应给操作人员配备听力保护装置。

表 6 - 8　装备噪声限定值

序号	标准名称	规定噪声值	备注
1	GJB 1372 - 1992　装甲车辆通用规范	履带车辆不大于 115 db（A）； 轮式车辆不大于 105 db（A）	
2	GJB 1835 - 1993　装甲车辆人-机-环境系统总体设计要求		
3	GJB 3086 - 1997　轮式装甲车辆通用规范	乘（载）员室噪声量限为 97 db（A）	
4	GJB 2935 - 1997　装甲车辆车内噪声允许限值	稳态噪声允许限值： 履带车辆不大于 115 db（A）； 轮式车辆不大于 105 db（A）； 脉冲噪声允许限值： 不超过 GJB 2A 的规定值	
5	GJB 50 - 1985　军事作业噪声容许限值	脉冲噪声最高不得超过 115 db（A）	

6.3.8　筒（箱）弹贮存运输安全性设计

筒（箱）弹贮存运输安全性设计要求如下：

1）设计时确保导弹在规定的贮存、运输环境下（包括低温、高温、湿热以及运输行驶时的振动、冲击等）经过贮存、运输后安全可靠，并应开展相关试验进行验证；

2）运输装填车和导弹运输车货厢与地面之间应设接地链，车厢与筒（箱）弹之间设计接地线，并符合火工品接地要求，可以满足导弹或筒（箱）弹运输及存放时的接地要求；

3）运输时筒（箱）弹不与其他危险品同时存放，应按规定摆放并固定牢固；

4）装车（船、飞机）时避免野蛮作业；

5）运输车、船内应备有灭火器材；

6）在各种路面上进行公路运输时，应严格按照规定的行驶速度行驶，前后车应保持安全距离；

7）公路、铁路运输时应防止急刹车，铁路运输时禁止溜放作业；

8）筒（箱）弹在车（船、飞机）上的排放、朝向和紧固应符合有关技术文件的要求；

9）为防止意外事故，在雷雨天气不进行装卸车（船、飞机）作业；

10）筒（箱）弹存放库房应有防爆照明，泄放静电把手、地线、防雷设施；

11）筒（箱）弹库房内应有良好的通风和防潮设施，保持清洁干燥；

12）筒（箱）弹库房内应配备无射频危险的报警装置；

13）筒（箱）弹库房内不应存放酸、碱性腐蚀物质及其他无关的易燃、易爆物品。

6.3.9　试验的安全

6.3.9.1　试验场所的安全

为保证试验场所的安全，应提出如下要求：

1）对试验现场环境、避雷设施、防静电设施、吊装设备、消防设备、安全监视、告警设施和安全负责人员到位情况等制定安全检查制度；

2）制定火工品的测试安全要求、火工品意外故障预案及意外故障的应急处理程序；

3）发射阵地应设有防静电、防辐射、防雷电以及防爆、防燃等安全防护措施；

4）发射阵地应有消防设施；

5）发射场坪周围200 m内，不允许存放导弹或其他火工品；

6）有人值守的方舱、操作间等应置于射向的后方或侧方，并满足导弹发射时的安全要求；

7）导弹飞行试验航区的纵深和宽度应满足导弹的最大射程和最大航路捷径要求；

8）将飞行试验区域划分为禁区、危险区、安全区，安全自毁系统应确保导弹和靶标在各种故障模式下不会落入安全区；

9）试验期间，靶试空域内无其他飞行器，禁止无关人员及车辆进入阵地，发射阵地设置安全区；

10）试验期间，除阵地操作人员及车辆外，其余参试人员及车辆应在安全区；航控点、搜索分队及残骸分析人员观察点的设置应确保安全；

11）对人员的人身安全（机械转动、强电、强光、电磁辐射、导弹发射安全防护、人员不慎落海的救护等）应有具体措施并作出可实施方案。

6.3.9.2　总装、对接和测试技术安全

为保证总装、对接和测试的安全，应做到如下要求：

1）设备、仪器应检定合格；

2）厂房接地装置应符合要求，应设有静电释放设施，环境条件应满足要求；

3）应划分工作区域，岗位人员凭证进入，指挥人员口令清晰、手势规范；

4）在检测导弹的场地，应具有防爆隔离设备和系留导弹的措施；

5）在检测场地应设置泄压装置和排气口，以便当发动机意外点火时，有效地将压力降低到可以接受的程度，并将废气排出，使危

险减少到最低限度；

6）在地面进行点火装置检测时，应使用专用限流、限压仪表；

7）在测试过程中，不应产生激励引信误动作的信号；

8）火工品测试区内严禁烟火，消防设施应齐全、有效；

9）火工品测试时，不允许对导弹进行其他操作；

10）火工品电路测试时，周围不应有产生电磁场的仪器、设备工作，并暂停其他作业；

11）火工品电测数据异常时，应暂停测试工作，待查明原因并排除故障后，方可继续进行；

12）对安装有火工品的导弹进行测试时，导弹和操作人员应分别位于防爆设施两侧的安全位置；

13）吊具应符合规定，产品起吊时，下方不应有人；

14）吊运高度超过人体高度（大于 1.8 m）时应事先系好牵引绳，由操作员护送；操作员与产品应有不小于 0.5 m 的安全距离。

6.3.9.3　应急措施和处理预案

试验前应制定应急措施和处理预案，主要要求如下：

1）飞行试验应针对导弹发射失败、未发射出去或发射出去后导弹未引爆等情况制定应急措施和处理预案，使任何可能引起的事故得到有序处理、不扩大，减少事故造成的人员伤亡和财产损失以及对环境产生的不利影响；

2）在预案中应落实应急组织，明确事故模式与后果，制定应急处理救援措施，配备必要的应急物资、器材；

3）在试验前应按照应急预案进行演练。

6.4　通用安全性设计要求

6.4.1　防电磁辐射安全性设计

辐射包括电离辐射（如 X 射线、γ 射线等）和非电离辐射（红外辐射和微波辐射等）。为避免辐射危险，设计人员应遵循下列安全性设计要求：

1）对于所有电激励的辐射装置来说，应确保主操作员和指挥员的控制台上装设可靠的装置来控制辐射的输出（如通/断、低/高能控制装置）和各种辐射特性（如频率和扫描）；

2）应确保电离辐射放射性同位素按照有关规定进行标记、贮存以及在设备上安装、操作和处置；

3）应提供当设备产生辐射时的被动式警告标志和主动式警告装置（同时产生音响和目视信号），除非出于军事目的由使用方批准后才可不安装；

4）对激发诸如超高能激光器之类的非常危险的辐射装置和为拆除辐射量超过人体安全辐射极限的放射性同位素的运输防护装置，设计上应采用遥控操作方式；

5）所采用的设计技术和材料应与设备全寿命周期内每个部件工作、试验和修理环境等相协调。除了主要的作战任务和演习计划外，还应考虑和平时期的使用和训练环境，做到：

a）不采用易燃材料或受高能粒子轰击后可能成为放射性的材料；

b）设计应具有耐久的安全特性，使得设备在经过训练、试验和修理的多次循环后其安全特性仍保持有效；

c）在光学辐射器上安装护眼用的自动滤光器，以减少对操作人员自我保护动作的依赖性；

d）在标牌上标示激光器、微波发射器、X射线和放射性同位素等设备所发射出的辐射类型的特性，以便能正确地选用防护眼镜、防护服和其他的防护设备；

6）产生高强度微波射线的产品应采取隔离等必要的防护措施，尽可能避免人员进入有害人体健康的辐射区。

6.4.2　防火及防爆安全性设计

火和弹药都是一种危险源，许多军用标准及规范都规定了防火和防爆设计要求，包括：

1）必要时考虑降低发动机的排气温度以免引起可燃气体着火；

2）在可燃环境中工作的发动机排气口处应使用火花消除器；

3）设备或材料应不释放出可能形成的可燃气体；

4）如果存在构成火灾和（或）爆炸危险的物质，则应将这些物质和热源隔开，使用火花消除器，设有合适的通风口和排泄口，必要时还应采取其他防火措施；

5）当设备在含有爆炸性气体混合物的环境中使用时，设备应不会引燃这类爆炸性气体混合物；

6）采用保险丝和断路器来防止电路过热；

7）根据设备的工作环境，在设备上应设计搭接线和接地线；

8）设备上使用的材料应是耐火的，并尽可能满足军用性能要求；

9）应对所有点火源进行分析以确定潜在的危险源；

10）产品中的可燃性材料应采取防护措施以确保材料安全地贮存及分配；

11）燃油箱应置于产品中合适的位置，使得产品受撞击后不会受损坏而导致泄漏；当产品倒置时，燃油箱泄漏不会溅到发热的表面上；

12）产品内应设有监控及告警设备以便指出着火或者会导致着火的条件；

13）对热、电磁波、辐射、机械冲击、电流、静电、电火花、电弧或其他点火方式敏感的爆炸物应采取有效的防护措施；

14）当产品中具有液化气体的容器时，应防止液化气体泄漏而形成爆炸性混合物。

6.4.3　热设计

在系统设计过程中，对热设计提出如下安全性要求：

1）在系统的研制过程中应尽早对所提出的每一部件的设计方案

进行热分析，以确定部件的热特性和冷却特性；

2）随着研制进展，对系统和分系统的各个部件进行热分析以确定各部件之间的热交互作用。如果人员或设备所受的热特性的影响是不可接受的，就应通过修改设计加以改善。如果由于性能、制造、进度或经费的限制而不能修改设计，可按下列要求对人员和设备进行保护：

a）在设备和人员之间设置隔热层或热辐射屏蔽；

b）必要时准备防护服（带隔热层和防辐射层）；

c）凡必须与人员接触的结构或部件应采用满足导热特性要求的材料；

d）必要时设置冷却或加热设备，以控制实现较低或较高的环境温度；

e）如果设备必须在变化范围较大的环境温度下安全工作，在设备设计中采用伸缩接头并（或）规定部件的结构表面采用热膨胀系数相同的材料制造，同时应考虑这些措施对整个系统的影响；

f）如果对热环境无法作出准确的预测，则应采用较大的热安全系数（如果热环境的估计值与外场使用试验过的设备和条件相差较大，则应提高温度的规定值，比最高工作温度的估计值高出25%～50%）；

g）为了能经受热环境，在设计中应采用经过外场试验并经订购方认可的润滑系统和润滑剂；

h）如果系统中存在热敏危险材料，应确保发热元件的传热途径与危险材料位置尽可能远地隔开；

i）如果设备性能受温度变化的影响，如光学瞄准装置，则应在设备内装有热补偿器件；

j）由发动机驱动的运载器或其他设备应对工作温度采取监控措施。

6.4.4 防静电危险安全性设计

静电放电可能造成引信和电气、电子元器件损坏，使系统产生危险。对静电放电提出如下安全性设计要求：

1）采用 MOS 保护电路改进技术，如增大二极管尺寸、采用双极型二极管、增加串联电阻和利用分布式网络等；

2）元器件和混合电路设计应避免在连接到外管脚的金属引线下穿接（集成电路互联）；

3）MOS 保护电路设计应使保护二极管故障时不导致电路不工作；

4）线性 IC 电容器应并联一个具有低击穿电压的 PN 结；

5）双极型器件设计应避免在静电放电下在 PN 结耗尽区出现高瞬态能量密度，对于关键元件应采用串联电阻来限制静电放电电流或利用并联元件分流；

6）晶体管可通过增大与基极接点临近的发射极参数来提高防静电放电保护能力；

7）元器件的接点边缘和结之间的距离应大于等于 70 μm（双极型器件）；

8）元器件和混合电路管脚布置应避免把关键的静电放电通路设置在边角管脚上，因为边角管脚易受静电放电的影响；

9）在可能的情况下，元器件和混合电路设计应避免金属化跨接区；

10）在可能的情况下，元器件和混合电路设计应避免寄生 MOS 电容；

11）应通过限制输出电流来消除 CMOS 中的闭锁现象，但模拟开关例外；

12）在每个输入端增加外部串联电阻可对 MOS 进行附加保护；

13）在可能的情况下，应采用由大电阻和大电容（至少 100 pF）组成的 RC 网络作为双极型器件的输入，以减少静电放电的影响；

14）安装在印制电路板上的敏感元器件的引线，如果不连接串联电阻、分流器、箝位电路或其他保护电路，不应直接与连接器相连接；

15）装有键盘、控制板、手动控制器或键锁的系统的设计应使人员产生的静电直接逸散到基板，绕过对静电敏感的元器件；

16）诸如 MOS 之类对静电放电敏感的器件应采用各种保护网络，以使在栅氧化膜两端的电压低于介质击穿电压而不影响器件的电气性能。

6.4.5 抗加速度和冲击安全性设计

为防止因加速度或冲击产生的危险，提出如下安全性设计要求：

1）明确有关设备、操作人员和非操作人员可能承受的冲击情况；

2）确定部件（装置、组件或个别零件）在加速过程中的危险事件；

3）确定分系统采用的材料、形状和安装座，使得当出现在 2）条规定的事件时，受损坏或损伤的可能性最小；

4）操作人员与设备某部分可能相撞的部位，应考虑填塞衬垫；

5）应使用防护罩、限动带或其他的操作人员限动吊带装置，避免操作人员进入危险区域；

6）结构件应设计成能承受瞬时撞击、停机或动态载荷产生的过载。

6.5 安全性报告的编制

对所开展的危险分析、消除危险及降低风险等相关工作应形成正式记录。在研制的适当阶段，如转阶段或大型试验前，应形成安全性分析与设计报告。

型号安全性分析与设计报告主要是依据初步危险分析、系统危险分析以及使用与保障危险分析的结果而编写。在报告中，对危险识别、危险原因及其后果、消除或控制危险的措施及其效果、安全性验证方法、风险评估结果及分析所用信息的来源等内容进行详细叙述。同时，对分析对象的安全性进行全面评价，给出风险评价结果。

型号安全性分析报告分为《××产品安全性分析与设计报告》、《××试验安全性分析报告》。各报告的基本内容见图 6－1 和图 6－2，编制时可根据具体情况进行剪裁。

××产品安全性分析与设计报告

1　**概述**

从产品用途、特点和组成以及安全性工作重点和难点两方面叙述安全性分析对象的基本信息。

1.1　产品用途、特点和组成

1.2　安全性工作重点和难点

2　**安全性要求**

说明研制总要求或任务书对产品提出的各项安全性要求。

3　**工作概况**

3.1　工作组织机构及运行管理情况

说明型号安全性保证工作系统各部门分别开展安全性管理、设计的工作情况。

3.2　安全性文件的制定与实施情况

说明型号研制过程中制定的安全性工作计划等安全性文件的贯彻实施情况。

4　**安全性设计与验证情况分析**

4.1　安全性分析及设计的主要技术措施

4.1.1　××产品危险源及主要危险事件分析

依据危险分析结果，编制安全性关键项目清单。

4.1.2　××产品安全性设计的主要措施

说明从系统及分系统采取的降低、消除或将其风险降低至可接受水平的所采取的安全措施。

4.2　安全性设计存在的主要问题分析

说明研制过程中武器系统发生安全性问题进行调查、分析的结果以及所采取的改进措施。

4.3　安全性验证

4.3.1　安全性验证

说明安全性试验开展的情况以及安全性验证结论。

4.3.2　安全性核查

说明按照有关规定对重大试验及专项试验中所涉及的安全性工作进行定性评价的情况。

5　**对安全性设计水平的基本评价**

全面评价产品的安全性，并给出评价结果。

图 6－1　××产品安全性分析与设计报告基本内容

××试验安全性分析报告

1　**概述**

从试验安全性分析目的、分析对象两方面说明试验的基本信息。

1.1　目的

1.2　分析对象

2　**引用文件**

列出此次试验安全性分析应参照的标准规范或其他依据性文件。

3　**术语和定义**

3.1　术语

3.2　定义

4　**危险识别及采取的措施**

说明试验场所、试验环境、参试装备及其状态等存在的危险源。针对每个危险提出具体的安全措施。

5　**风险评价**

对已辨识的危险按照危险严重性和发生的可能性进行等级划分，并按照危险风险评价矩阵进行风险评价。以确认每个危险源在采取相应的安全措施后，其危险风险降低至可接受水平。

6　**应急预案**

明确具体应急措施，以确保任何可能引起的事故能够在第一时间得到有序处理，不导致次生危害。

7　**结论**

对装备（产品）在试验前和试验期间是否满足试验安全要求作出明确结论。

图 6-2　××试验安全性分析报告基本内容

参考文献

[1] GJB 50－1985. 军事作业噪声容许限值[S]. 1985.

[2] GJB 151B－2013. 军用设备和分系统电磁发射和敏感度要求与测量[S]. 2013.

[3] GJB 373A－1997. 引信安全性设计准则的要求[S]. 1997.

[4] GJB 900A－2012. 装备安全性工作通用要求[S]. 2012.

[5] GJB 1026A－1999. 固体火箭发动机通用规范要求[S]. 1999.

[6] GJB 1372－1992. 装甲车辆通用规范[S]. 1992.

[7] GJB 1307A－2004. 航天火工装置通用规范[S]. 2004.

[8] GJB 1835－1993. 装甲车辆人-机-环境系统总体设计要求[S]. 1983.

[9] GJB 2865－1997. 火箭和导弹固体发动机点火系统安全性设计准则[S]. 1997.

[10] GJB 2935－1997. 装甲车辆车内噪声允许限值[S]. 1997.

[11] GJB 3086－1997. 轮式装甲车辆通用规范[S]. 1997.

[12] GJB 5313－2004. 电磁辐射暴露限值和测量方法[S]. 2004.

[13] GJB/Z 35－93. 元器件降额准则[S]. 1993.

[14] GJB/Z 99－97. 系统安全性工程手册[S]. 1997.

[15] QJ 1453A－2004. 固体火箭发动机燃烧室药柱通用规范[S]. 2004.

[16] QJ 2043－1991. 电子设备安全技术要求[S]. 1991.

[17] QJ 2966－1997. 导弹和航天器压力系统安全设计和安全工作通用要求[S]. 1997.

[18] QJ 3198－2004. 航天火工装置安全技术要求[S]. 2004.

[19] QJ 20364－2014. 地(舰)空导弹武器系统安全性设计准则[S]. 2014.

[20] 王凯民,等. 军用火工品设计技术[M]. 北京:国防工业出版社,2006.

第 7 章　安全性验证与评价

7.1　安全性验证

7.1.1　目的

验证装备安全性是否达到了合同规定的安全性要求，同时对采取的安全性措施的有效性和充分性进行确认。

7.1.2　验证对象

安全性验证对象是系统中安全性关键项目，包括硬件、软件和规程。所谓“安全性关键”，强调的是如果不符合规定的安全性要求，就会造成严重的人员伤害、设备损坏或财产损失，因此必须对其作出确切的安全性验证。

确定装备安全性验证对象时可以参照以下原则：

1）因设计无法消除Ⅰ级危险而设置的控制装置、安全装置、报警装置等；

2）有安全性要求的新研或改进的且未经过验证的产品；

3）有安全性要求且未经过验证的选用产品；

4）已经通过了安全性验证，但安全性要求发生了重大变化的选用产品；

5）技术状态发生较大变化，对装备运行安全与任务完成有重大影响且未经过验证的产品。

7.1.3　验证方式

安全性验证可选择试验、演示、仿真、分析、设计评审、检查等方式。

（1）试验

指用专门的仪器、设备和其他模拟技术，在各种模拟或真实环境下测量、测试产品具体参数，并通过对试验结果和测量数据进行分析、评价，以验证所测定的结果是否处于所要求的或可接受的安全性限度之内。如固体火箭发动机跌落试验、战斗部枪击试验等。

需要注意的是，在试验验证时，应尽可能考虑采用诱发故障或模拟故障的方式来验证安全性关键项目的安全性或风险。同时，必须确定试验原理和程序，以便判断是否满足安全性验证要求。此外，对于复杂装备，可通过选择低层次产品的试验和高层次产品的综合分析相结合的方式来开展安全性验证。如研制早期在较低层次产品上的试验较多，就有可能减少之后在较高层次产品上的试验，故要权衡两者之间的费用与效益。通常，对低层次产品的试验条件应比高层次产品的试验条件更为严酷。

当试验因费用过高或某些环境条件（如宇宙空间）无法模拟而不可行时，在订购方认可下，可用类推（或称类比）法、实验室试验或全尺寸功能模型或小尺寸模型的模拟来代替产品实物的安全性验证试验。

类推法是指如需验证的产品以前已在类似系统上通过验证，则可把以前验证试验的环境条件、工作条件和持续时间同现在拟用的试验条件相对比。假如对比分析表明，以前所用的试验条件与现在拟用的试验条件相同或更为严格，则可不再试验而直接作出验证合格的结论。模拟是按模型与产品的相似性分析和模拟试验数据来验证产品的安全性是否与所规定的要求相符。

（2）演示

演示是一种试验性的定性验证方法，用来确定产品的使用安全性是否达到所规定的要求。采用演示验证方法，要求所演示的安全性功能特性是可观察和可记录的。通常采用“通过”或“不通过”的准则来验证产品是否以安全的、所期望的方式运行等。

（3）仿真

仿真是用实物仿真器或数字仿真器代替实际系统，进行模拟仿真的安全性验证和分析，以评价装备安全性水平是否满足规定要求。该方法适合不能或无法进行实际试验验证以及涉及到人员操作的安全性验证。

随着导弹武器系统技术水平的发展，广泛采用新技术、新材料、新工艺的型号安全性设计迫切需要加强数字化仿真验证手段，这是由于复杂接口安全性实物试验验证开展起来约束多、困难大而难以实施。通过将仿真手段引入安全性验证，提高关键高风险环节的分析和仿真能力，从而更有效的确保高新技术密集装备的安全性。

（4）分析

由研制单位或受委托的第三方按照安全性主管部门确认的计算、分析、评估模型、计算机软件及数据对系统中涉及安全性的性能、功能、特性、失效概率及失效影响进行的计算、分析或评估。包括工程计算、安全性分析、类比分析、系统综合评价等定性和定量的方法。

（5）设计评审

通过对设计有关记录的确认和设计文件有效性的证实，来确定设计报告、技术说明、工程图样等技术文件与有关安全性要求的一致性，包括评审检查单等。验证性设计评审可结合产品设计评审开展，必要时应在对关键项目完成复核、复算的基础上进行。

（6）检查

检查类验证方法主要通过目视检查或简单的测量，对照工程图纸、流程图或安全性检查单（表）来确定产品是否符合规定的安全性要求。

安全检查作为工程上常见的验证手段，包括用于系统安全性工作计划的检查、设计评审、试验前或使用中的安全性检查等多种形式。在本书中对试验安全检查细则、试验安全检查记录表（详见第4章）以及系统安全性设计准则核查表、安全性设计核查结果记录表

(详见第 5 章) 等作了详细介绍。

检查的优点在于能事先编制，做到系统化、完整化，不致于遗漏导致危险的关键因素；并可以依据标准规范，检查遵守的情况，得出准确的评价；同时结合对改进措施的要求，复查确认改进后的情况等等。

7.1.4　实施要点

安全性验证实施的要点如下。

(1) 优先考虑采用试验和演示的方式

应优先考虑采用试验和演示的方式，当无法采用试验和演示方法时，可通过工程分析、类推、模拟样机或仿真等方式进行安全性验证。

(2) 安全性关键硬件、软件及规程是验证的重点

应以安全性关键硬件、软件及规程为验证的主要对象，选择适合、可靠的验证方法，并考虑对使用中可能遇到的最严酷、最临界的条件进行有效验证，以确保其符合规定的安全性要求。

(3) 必须对接口安全性进行有效的验证

除了对安全性关键硬件、软件及规程的安全性验证外，还应特别注意各安全性关键硬件之间、软件之间、软/硬件之间以及人/机之间接口的验证。必须在各产品单独通过验证的基础上，进行接口验证。

(4) 制定安全性验证计划

安全性验证贯穿于研制全过程，应制定相应的安全性验证计划，纳入装备的安全性工作计划、试验计划、演示验证计划等文件中。此外，对研制过程中判定危险所采取的控制措施也需要制定专门的试验计划和程序。

7.2　安全性评价

7.2.1　目的

安全性评价是全面总结装备各研制阶段内的安全性工作，通过

评价装备对安全性的要求、安全性工作计划、相关标准规范、特殊安全需求的符合性情况，确认其安全性水平和残余风险，为后续安全性工作的策划和实施提供依据。通常在产品转入下一工程阶段、进行试验及交付前，会对产品的安全性或风险水平进行综合评价。

7.2.2 评价内容

安全性评价的具体内容包括以下几个方面。

(1) 产品安全性水平与安全性要求的符合程度

总结安全性分析和验证的结果，说明产品对研制合同规定的安全性定性要求和定量指标的符合情况。应依据现有的工程数据和信息，通过必要的试验、分析、评审及检查活动，对产品安全性水平与安全性要求的符合程度进行考察和说明。

(2) 评价产品完成的安全性工作与安全性工作计划符合情况

总结产品在某一阶段内完成的安全性工作，说明其所完成的安全性工作在工作项目数量、执行进度、实施效果等方面对于安全性工作计划的符合情况。

(3) 评价产品相对于安全性相关标准的符合情况

订购方可能在研制总要求或其他合同文件中规定了有关标准，同时承制方还可以确定适用于所研制系统的有关安全性的国家、军用和行业的标准规范和法规。对型号研制应执行和贯彻的所有安全性标准的情况进行评价。

(4) 对产品特殊使用过程中危险的分析与处置

即使产品全部由完全符合有关安全性要求和标准的设备组成，也可能由于特殊的使用条件和环境产生危险。通过安全性评价，要确定已经识别了这类危险，并已经采取措施消除危险或将相关风险降低至可接受水平，针对使用过程也制定了安全操作规程和应急预案。

7.2.3 实施要点

进行安全性或风险评价时，应收集可获得的工程信息，包括已实施的安全性设计、分析和验证等工作以及前期安全性评价的结果，并对以下方面进行重点归纳和说明：

1）用于识别危险的分析和试验的结果；

2）用于确认安全性设计要求或验证安全性设计措施所进行的验证工作（包括演示、试验、仿真或分析等）；

3）存在的残余风险及其安全性改进措施的实施情况；

4）现阶段安全性工作成果，包括初步危险表或危险清单、危险分析报告、安全性关键项目清单等。

此外，安全性评价应对不可接受的风险提出改进建议，并根据需要重新进行评价。安全性评价的方法、利用的数据、评价结论均应经订购方认可。

7.2.4　安全性评价示例

7.2.4.1　弹上火工品安全性评价

固体火箭发动机、战斗部、燃气能源供给装置、安全执行装置、弹射装置是某型号导弹所属的火工品。在贮存、运输过程中需要经历高温、低温、湿热以及运输行驶时的振动、冲击等较恶劣的环境，可能会出现意外点火和爆炸的危险事件。而在导弹发射过程中如果发动机点火失败，也可导致导弹弹射后从高空跌落、火工品爆炸。

按照型号研制总要求的规定，弹上火工品安全落高（不爆炸）20 m；弹射装置安全落高（不爆炸）5 m；同时弹射装置和弹上火工品被 7.62 mm 枪弹击中时，不允许爆炸。

在研制过程中，首先在设计上采取一系列措施，将弹上火工品意外点火和爆炸的危险加以消除，并在定型阶段进行了火工品的跌落试验和枪击试验等导弹安全性试验，对弹上各类火工品是否满足规定的安全性要求进行评价。

导弹的安全性试验项目具体见表 7－1。

表 7-1 火工品安全性试验

序号	火工品名称	试验项目	
		跌落试验	枪击试验
1	固体火箭发动机	√（20 m 跌落）	√
2	战斗部	√（20 m 跌落）	√
3	安全执行装置	√（20 m 跌落）	—
4	燃气能源供给装置	√（20 m 跌落）	√
5	弹射装置	√（5 m 跌落）	√

通过弹上火工品 20 m 跌落试验表明，弹上火工品均满足 20 m 跌落不爆炸的要求，确保了导弹弹射后，若发动机点火出现瞎火，导弹跌落在发射车或地面上，弹上火工品不会对周围环境产生严重危害。

通过对弹射装置 5m 跌落试验表明，弹射装置满足 5 m 跌落不爆炸的要求，确保导弹模块装填时，若发生跌落，弹射装置不会引爆启动。

通过弹射装置与弹上火工品的枪击试验表明，导弹模块中火工品被枪弹击中后不会发生爆炸，满足安全性要求。

因此，基于上述试验作出安全性评价结论：在工厂鉴定试验中，弹上火工品通过了跌落、枪击等安全性试验。弹上火工品安全落高达到 20 m 的指标要求，弹上火工品采取的安全性设计措施达到了规定的安全性要求。

7.2.4.2 武器系统研制总要求安全性部分达到情况的评价

按照试验基地编制的《××××设计定型基地试验可靠性维修性测试性保障性安全性鉴定试验大纲》的规定，针对某型号地面试验、检飞试验、拦截试验以及维修性专项试验中所涉及的安全性内容，遵照该型号研制总要求提出的武器系统的安全性定性要求，由试验基地主要从火工品接地要求、火工品运输和存放期间安全、维修安全、作战软件安全几个方面进行了定性评价，武器系统安全性定性要求基本满足研制总要求规定的战术技术要求。

该型号武器系统安全性定性要求评价见表 7－2。

表 7－2　××型号系统级产品安全性定性要求评价表

序号	研制总要求规定	定性评价	打分				
			优秀	良好	好	一般	差
			5	4	3	2	1
1	箱（筒）弹模块具有可靠的接地措施	箱（筒）弹模块具有可靠的接地措施，随运输装填车和导弹运输车行驶时，也可可靠接地		√			
2	指挥车应具有用户身份识别的接口，具有用户权限管理；具有防（杀）计算机病毒的措施	指挥车具有用户身份识别的接口，具有用户权限管理，登录操作软件均有输入用户名和密码，具有防（杀）计算机病毒的措施		√			
3	应保证运输装填车、运输车、箱（筒）弹模块的可靠接地，符合火工品接地要求，保证运输、存放期间安全	运输装填车、运输车、箱（筒）弹模块能可靠接地，符合火工品接地要求，可保证运输、存放期间安全，整个基地试验过程中没有危害安全的事故发生		√			
4	维修安全性：装备上必须设置必要的防差错措施，识别标记和校准标记，对使用、维修时可能涉及人身或机器安全的部位，必须提示警告，提供保护措施	装备上有防人为差错措施，在设备的电源进线处进行绝缘和防误碰处理，采用安全性保障措施，对使用、维修时可能涉及人身或机器安全的部位，设置提示警告		√			
5	安全执行装置应确保导弹在非工作状态时的安全，在导弹飞行离开战车规定距离前不引爆战斗部，在飞行到达近界前确保安全执行装置处于待发状态，在收到引信引爆电路电容放电脉冲后可靠引爆战斗部	本次设计定型试验全部发拦截试验战斗部安全引爆距离均大于规定距离，在飞行到达近界前导弹安全执行装置均处于待发状态，且收到引信引爆电路电容放电脉冲后可靠引爆战斗部			√		

作出安全性评价结论如下：

在设计定型基地试验期间，飞行试验和日常使用维护过程中未发现影响人员和设备的安全性隐患，通过实际使用表明各装备的安全性设计可以保证其安全工作，武器系统安全性满足研制总要求规定的战术技术要求。

参考文献

[1] GJB 900A－2012. 装备安全性工作通用要求[S]. 2012.

[2] QJ 2236A－1999. 航天产品安全性保证要求[S]. 1999.

[3] 赵廷弟，等. 安全性设计分析与验证[M]. 北京：国防工业出版社，2011.

[4] GJB 900A《装备安全性工作通用要求》实施指南[S]. 总装备部技术基础管理中心，2014.

第 8 章　软件安全性

8.1　概述

8.1.1　软件安全性的重要性

在很长一段时间内，人们并未认识和重视软件与触发人身伤亡事故有着直接关系。软件工程也曾经仅仅限于从资料、数据保密的角度来考虑软件的安全性。这是因为，最初软件本身对系统不存在任何威胁，也不会直接造成某种损害。

随着计算机应用范围的快速扩展，导致产品复杂度激增，软硬件密切耦合，且软件的规模、复杂度及其在整个系统中的功能比重急剧上升。伴随着系统复杂性的提高，软件安全性问题日益突出。尤其是当软件用于过程检测和实时控制时，软件失效将通过软硬件之间的外部接口进行传递，导致硬件设备出现误动作或故障，进而影响系统任务完成与人员安全，造成严重的灾难性事故。

军事、航空航天、医疗等领域的核心控制软件失效，曾造成巨大的损失和惨重的教训：1985 年 6 月至 1987 年 1 月，Therac－25 治疗机由于软件缺陷导致 6 起超大剂量辐射事故，其中 3 起导致病人死亡；1991 年海湾战争，爱国者导弹在拦截飞毛腿导弹中几次拦截失败，其直接原因为软件系统未能及时消除计时累计误差；1996 年阿里安 5 型运载火箭由于控制软件数据转换溢出，起飞 40 秒后爆炸；1999 年大力神 4B 运载火箭由于软件问题飞行 9 秒后偏离航向，造成卫星未进入预定轨道。

不断发生的软件失效和事故使人们认识到：在系统复杂性较高

的情况下，常规的软件工程方法和软件评测手段并不能解决软件可靠性与安全性设计深层次的问题，软件安全性问题已经成为系统安全性的重要组成。

只有将软件与所在的系统结合起来考虑，分析软件安全性才有意义。由于许多隐蔽性强或非多发性的错误，往往很难被设计人员和测试人员察觉，仅仅依靠设计技术的改进仍然不足以解决安全性问题，因此需要有一套严格的安全性分析程序和相应的安全性分析方法。1987 年，美军标 MIL - STD - 882B《系统安全性大纲要求》的修订，其最大特点是增加了软件危险分析的工作项目系列。

软件安全性问题必须通过专业技术予以解决。目前，它逐渐发展成为保证型号系统中安全关键软件和任务关键软件质量的一套重要的程序和方法。软件安全性工作的重要性在于使用这一套程序和方法来预防事故的发生。

8.1.2　软件安全性的特点

软件可靠性关注失效的发生频率，软件安全性关注失效的发生后果（即事故）。因此，软件安全性有其自身的特点：

1）软件安全性分析是系统安全性分析工作的一部分，必须在系统安全性分析的基础上进行。

2）软件与硬件的故障模式不同，因此分析的重点也不同。硬件为物理产品，使用时有磨损。因此硬件安全性分析的重点为硬件故障以及共因失效所引起的系统危险状态。软件属于逻辑产品，具有外部接口多、功能动态交互、运行场景多样化等特征，失效机理复杂。软件失效往往不是单一的接口或功能失效导致，而是由功能并发、软硬件交互、数据组合、运行场景迁移等动态逻辑导致，具有较强的隐蔽性和复杂性。因此，软件安全性分析重点为软件需求的缺陷，即由于软件需求不充分或不准确可能引起的安全性问题。

3）与硬件测试的侧重点不同。软件测试重点验证软件功能、性能、接口等需求与设计和代码之间的一致性，而对软件需求的确认不足，难以发现那些与时序、组合、交互、迁移相关的异常问题。而这类与软件需求相关的安全性隐患，往往需要依据软件安全性分析生成的测试用例才能得到有效识别。所以实际工程中，对那些可靠性要求较高、难以进行可靠性验证的软件也进行安全性分析。NASA 有关软件标准中就明确规定：对于安全关键软件和任务关键软件必须进行软件安全性分析。

4）软件需求内部的组合、交互、时序等逻辑特征，软硬件之间的交互，以及运行场景迁移都有可能引发软件失效，导致系统进入危险状态。因此分析时必须对软件进行全方位的分析，从系统顶层至软件的源代码，从外部的运行环境到软件内部的设计细节，包括软件的静态、动态、逻辑和物理模型。

5）软件安全性分析必须从系统角度分析软件可能的运行时序、运行状态、适用条件、逻辑缺陷及其可能造成的不利影响，这就不可避免地会涉及到各种不同领域的专业知识与经验积累。因此，分析时应主要借助历史数据和人的经验，任何软件分析工具只能起辅助作用。这就对软件安全性分析人员以及积累的历史失效数据提出较高要求。分析时要求有专业的软件安全性分析人员、熟悉系统结构的系统总体设计人员、软件设计人员、领域专家参加，共同工作。同时能够提供通用失效数据库以及相关的项目特定失效数据库。

6）由于软件的特点和运行背景的多样化，软件安全性分析没有固定的分析模式和分析程序，必须具体问题具体分析。必须综合考虑软件的运行环境和总体要求，以及各种软件安全性分析技术的使用条件、适用范围和工作量，进行权衡分析，确定详细的软件安全性分析方案，包括分析的内容、方法、步骤和必要的测试验证环境和辅助工具等。

8.1.3　软件安全性的目标

不论软件系统中是否存在非软件的危险控制或缓解危险的方法（如操作员干预、硬件控制等），都应按照要求开展软件安全性工作，其目标如下：

1）标识出对系统安全性起作用，保证系统安全运行的软件；

2）确保在系统中考虑了软件安全性，并采取了合适的措施开发安全的软件；

3）确保软件安全性在项目计划、管理和控制活动中进行了考虑；

4）确保软件安全性在整个系统生存周期中得到了考虑，包括软件需求开发、设计、编码、测试和运行；

5）无论现货软件还是分包开发的软件，都要确保软件产品的安全性已进行了评估、分析和记录；

6）充分识别软件需求、设计、代码中潜在的失效模式及系统危险，确保软件安全性水平满足标准或项目要求；

7）获取软件安全性需求、安全性设计要求、安全性编码要求，确保软件验证活动中包含软件安全性验证。

8.1.4　软件安全性工作流程

图 8－1 给出了围绕软件生命周期过程所进行的安全性工程活动。软件安全性工程的各项活动可能存在着交叉和重复。

下面介绍软件生命周期各阶段下的安全性工程活动重点。

（1）需求获取

依据 GJB 900A、GJB/Z 102A 等标准，进行系统到软件需求的危险分析，确定系统对软件的安全性要求。主要包括：依据系统需求和系统危险数据，识别系统中可能存在的危险状态。采用软件故障树 FTA 等分析技术，识别可能导致系统危险的软件原因，形成系统对软件的安全性要求需求。

在系统初步危险分析（PHA）的基础上，确定软件的安全性等级。软件开发人员应根据软件安全性等级确定软件安全性工作的具体范围。同时，制定软件安全性工作计划，该计划将为后续各项软件安全性的工作进行有效的规划，确保所开发的软件满足系统的安

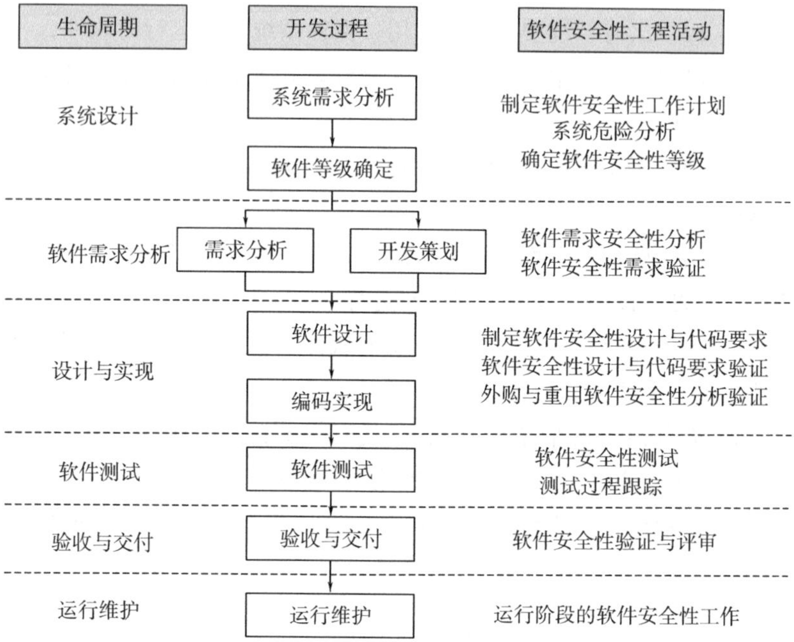

图 8－1　软件生命周期过程中的安全性工程活动

全性需求。

（2）需求分析

需求分析阶段是对分配需求进行分析和细化，对目标系统提出完整、准确、清晰、具体的要求。该阶段主要开展软件安全性需求与分析工作，包括软件安全性需求的获取、软件安全性需求的验证。

软件安全性需求的获取主要是根据已知的系统信息，如软件危险条件等以及其他一些相似系统的数据和通用惯例，来完成通用软件安全性需求的裁减和特定软件安全性需求的获取工作；软件安全性需求验证主要是通过软件 FTA、软件 FMEA、数据流分析、控制流分析、形式化验证等分析方法完成相关验证工作，最终获得相对完整、正确的软件安全性需求集合。

软件安全性需求的确定是整个软件安全性工作的关键，它是开展后续软件安全性设计、实现与测试工作的依据。软件发生安全性问题多数情况是由于软件安全性需求获取不全导致的，如对环境失效和各种异常情况的处理考虑不完善等。因此，对该阶段的工作应予以高度重视。

（3）设计与实现

软件设计既是过程又是模型。设计过程是一系列的迭代过程，通过对软件需求规格说明的进一步分解、细化，实现对拟构造软件的全面刻画和描述。编码实现是将软件设计的结果转化为计算机可以“理解”的形式。

在软件设计和编码实现的过程中，主要开展软件设计安全性分析、软件代码安全性分析的工作。软件设计安全性分析的目的是分析软件设计，保证安全性需求实现的正确性和可测试性，以及安全关键软件部件和模块标识的正确性。软件代码安全性分析是针对源代码，识别没有恰当实现的安全特征，验证软件实现覆盖软件安全性设计的全部特征与方法。

此外，如有外购和重用的软件部件或应用程序，应在软件设计过程中对其进行安全性评价，以减小其给系统带来的风险。对外购和重用软件的安全性分析与评价应不迟于软件详细设计。

（4）软件测试

软件测试是在软件设计与实现阶段形成的目标码上，对软件最终是否正确完整实现安全性需求进行验证。

由于软件安全性需求由大量失效模式结果分析而来，所以不仅应该测试其中形成软件安全性需求的部分，还应该测试经由分析不会造成所谓不安全结果的失效模式，即软件安全性测试的重点：一是验证软件充分实现其安全性需求；二是验证软件安全性分析工作中识别出的失效模式和系统危险得到充分有效的控制。

测试得出未正确实现的安全性特征应被输入到危险跟踪闭环系统，以获得系统层次的解决方案。在测试时进行软件安全性追踪分析，利用可追溯性矩阵，验证测试能覆盖所有软件安全性需求。

此外，很多软件安全性问题都是由于变更产生的，因而对软件变更安全性分析应予以高度重视。软件变更分析的结果可能会导致新一轮的需求分析、设计和测试工作。

（5）验收与交付

在软件交付或使用前，完成所有的软件回归测试、验证覆盖性分析和相关评审。基于测试分析的结果做出软件安全性评价。

（6）运行维护

在软件运行阶段，针对安全关键软件的使用、更改与升级，编制相应的运行文档要求以及开展必要的培训，减少引入影响系统安全性的危险因素。

8.2 软件安全性工作项目

8.2.1 确定软件安全性等级

8.2.1.1 目的和作用

软件安全性等级不同意味着达到规定的安全性要求所开展的软件安全性工作有所不同。确定软件安全性等级是开展后续安全性计划和安全性技术活动的基础。针对不同级别的软件采用不同的安全性技术和管理措施，以实现资源的合理分配。

8.2.1.2 开展的时机

该项工作应在制定软件安全性计划和软件需求分析阶段开始之前完成。

8.2.1.3 软件安全性等级的确定

确定软件安全性等级的步骤如下。

（1）确定系统潜在危险

系统初步危险分析是系统中各层次开展危险分析的前提和基础，也是开展软件系统危险分析、确定软件安全性等级的前提和基础。

通过系统的初步危险分析，列出系统所有的潜在危险，包括危险的原因以及针对危险原因的危险控制等。

（2）分析和确定潜在危险的严重性和可能性

危险的严重性和可能性主要基于过程的判断得到。按照 GJB/Z102A－2012《军用软件安全性设计指南》的规定，危险的严重性可分为四级：灾难的、严重的、轻度的、轻微的，参见表 8－1。危险可能性分为五级：经常、很可能、偶然、很少、极少，参见表8－2。

表 8－1　危险严重性等级定义

危险严重性等级	定义
灾难的	人员死亡，或系统报废，或基本任务失败，或环境、系统完全损失或报废、环境严重破坏
严重的	人员严重伤害，或系统严重损坏，或基本任务的主要部分未完成，或环境严重破坏
轻度的	人员轻度伤害，或系统轻度损坏，或对完成任务有轻度影响，或环境轻度破坏
轻微的	对人员的伤害和系统的损坏轻于轻度，或虽然执行任务有障碍但是能够完成，或对环境的破坏可忽略

注：决定使命成败的任务为基本任务

表 8－2　危险可能性等级定义

危险可能性等级	定义
经常	危险可能经常发生：$P>10^{-1}$
很可能	在某一项的生命期中危险将发生若干次：$10^{-2}<P\leqslant 10^{-1}$
偶然	在某一项的生命期中危险可能偶尔发生：$10^{-3}<P\leqslant 10^{-2}$
很少	在某一项的生命期中危险发生的可能很少：$10^{-4}<P\leqslant 10^{-3}$
极少	危险几乎不可能发生：$P\leqslant 10^{-4}$

注：P 是发生危险的概率。针对不同系统，各级 P 值的划分可能有别

（3）确定系统的风险指数

根据危险的严重性等级及其可能性等级，确定每种危险的系统

风险指数，见表 8-3。

表 8-3　系统风险指数

危险严重性等级	危险可能性				
	经常	很可能	偶然	很少	极少
灾难的	1	1	2	3	4
严重的	1	2	3	4	5
轻度的	2	3	4	5	6
轻微的	3	4	5	6	7

注：风险指数中的 1 表示最高系统风险，7 表示最低系统风险

最高风险的危险（即系统风险指数为 1）在系统分析与设计中是不允许存在的。如果存在，系统分析与设计就应重新进行。如果风险指数为 6、7，通常可以不考虑安全性工作。

（4）确定软件系统中每个软件的控制类别

在系统危险分析的基础上开展软件系统的危险分析，以确定每个软件的控制类别。其中有一些软件是直接导致危险的原因，而有些软件则是用来控制、缓解或检测危险的，软件系统危险分析的目的就是要将这些与软件相关的危险以及与这些危险相关的软件标识出来。软件的控制类别与软件对系统的控制程度、控制的复杂性和实时性等有关。

软件的控制类别可分为四类：Ⅰ、Ⅱ、Ⅲ、Ⅳ。详见表 8-4。

表 8-4　软件的控制类别定义

软件控制类别	控制程度	
Ⅰ	1	软件对危险进行部分或全部的自主控制
	2	包含多个子系统、交互作用的并行处理器或多个接口的复杂系统
	3	有一些或全部安全关键功能是时间关键的
Ⅱ	1	控制危险，但是其他安全系统可以进行部分缓解； 检测危险，需要采取安全措施时通知操作员
	2	包含少量子系统和/或一些接口的中等复杂系统，无并行处理
	3	有一些危险控制动作可能是时间关键的，具有临界时间要求，但是不会超过中等熟练程度的操作员所需的事件或自动系统响应的时间

续表

软件控制类别		控制程度
Ⅲ	1	若软件发生故障，则有一个或若干个缓解系统防止危险发生；或提供冗余的安全关键信息资源
	2	稍微复杂的系统，仅包含有限数目的接口
	3	缓解系统能在任何临界时间内进行响应
Ⅳ	1	对危险无硬件控制，并不为操作员提供安全关键数据
	2	仅带 2～3 个子系统的简单系统，仅包含少量接口
	3	非时间关键，没有临界时间要求

注：每个软件控制类别都有三种描述，它们之间是“或”的关系，即只要符合一种，就可以确定

（5）确定软件安全性等级

根据每个软件的控制类别和系统风险指数确定每个软件的安全性等级。软件安全性等级从高到低为 A、B、C、D 四个等级，见表 8－5。

表 8－5　软件安全性等级矩阵

软件控制类别	系统风险指数			
	2	3	4	5
Ⅰ	A	B	C	D
Ⅱ	B	C	D	D
Ⅲ	C	D	D	D
Ⅳ	D	D	D	D

安全性等级高的软件为安全关键软件。通常 A、B 级的软件为安全关键软件。

8.2.2　制定软件安全性工作计划

软件安全性工作是其所属系统安全性工作的重要组成部分。应在软件开发早期制定有效的软件安全性计划，保证系统和软件中的

安全性关键特性能够被充分地识别，并采取合理的技术和过程措施规避风险，并为后续工作中合理分配人员、时间、经费等资源提供依据。

软件安全性工作计划包括但不限于以下几方面的内容：

1）软件安全性工作的任务划分和进度安排；

2）软件安全性工作所需的人员、资源和设施；

3）系统安全性分析、软件安全性分析和软件其他工作之间的关系；

4）软件安全性工作相关的文档和其他输出；

5）跟踪并解决在安全性工作中发现的问题的程序。

8.2.3 软件安全性需求与分析

8.2.3.1 软件安全性需求分析

（1）软件安全性需求来源

软件安全性需求应包括有效的运行模式或状态，以及禁止或不适用的运行模式或状态。所以，应尽可能从装备安全性要求、环境要求、标准、项目规范、系统、分系统或设备要求、接口要求、系统危险报告中全面获取软件安全性需求。其中，依据标准、项目规范、软件可靠性安全性设计准则等归纳出软件的安全性通用需求。在此基础上依据系统需求、安全性分析报告等，补充遗漏的安全性需求。

按照 GJB/Z 102A - 2012，软件安全性需求的来源可以分为两类：

1）专用的安全性需求：包括系统危险分析和软件需求安全性分析两部分；

2）通用的安全性需求：某一应用领域或多个类似的项目常常有一些共同的安全需求。为了避免工作的重复和内容遗漏，可以将多个类似的项目收集起来的安全性需求整理而形成特定应用领域的通用安全性需求，这种通用安全性需求会随着技术进步或新应用的实现而更新。

（2）目的和作用

正确、充分地分析软件安全性需求是软件安全性工作的核心环节，是后续软件开发和开展安全性相关工作的依据。

（3）开展的时机

软件安全性需求分析主要在论证阶段和方案阶段进行。该工作是不断迭代的，即随着软件分析、设计工作的深入开展，软件安全性需求将得到不断的补充，该项工作可一直持续至软件测试阶段。

（4）工作要求

1）软件安全性需求分析，应当与系统危险分析结合进行。系统危险分析为软件安全性需求分析提供输入信息。而软件分析的结果，应反馈给系统危险人员，用于在系统层次进行更全面细致的分析。

2）全部软件安全性需求，包括通用需求和特定需求，均应在《软件需求规格说明》（见 GJB 438B－2009）规定中清晰地标识出来，并通过项目正式评审，纳入配置管理。

3）应采用结构化的方式描述软件安全性功能需求，以保证需求描述的清晰、准确、无歧义、可复核、可测试和可实现。

4）当软件和硬件合作共同实现一个安全关键功能时，他们各自的作用、时序和失效模式应在《软件需求规格说明》中明确描述，并获得相关分系统的认可。软件与硬件之间的安全性约束（如失效模式、故障处理、降级处理等）也应包含在《软件需求规格说明》中。

5）从装备安全性要求、系统或设备要求、接口要求、系统危险报告以及系统危险分析中获取软件“必须工作”和“禁止工作”的功能，以及相关的时间性能需求。

6）从环境要求、系统或设备要求、接口要求中获取软件与硬件、软件与软件、软件与操作者等之间的安全性相关的全部约束。

（5）软件安全性需求分析方法

依据软件需求和失效模式数据，采用软件失效模式分析

(FMEA)、有限状态机分析（FSM）等分析技术，识别软件需求中可能存在的失效状态及控制措施，形成软件自身的安全性需求。失效模式分析应根据GJB 438B中3.2节及3.3节描述的软件接口和功能处理过程等需求信息，覆盖软件功能间的层次、交互、组合等逻辑关系的安全性分析；并根据3.1节描述的软件状态及迁移信息，覆盖软件运行场景的安全性分析。

8.2.3.2　软件安全性需求验证

（1）目的和作用

借助于分析或评审的方式，对软件安全性需求进行检查性验证，确保所获取的软件安全性需求充分准确。

（2）开展的时机

在软件需求分析阶段获取软件安全性需求之后应启动软件安全性需求的验证工作，并在制定软件安全性设计与编码要求之前完成。

（3）工作要求

软件安全性需求验证的工作要求如下。

1）软件安全性需求验证方法应记录在软件安全性工作计划中，并应至少包括如下内容：

a）验证软件安全性需求满足8.2.3.1节的所有要求；

b）审核软件安全性需求对装备安全性要求、环境要求、标准、项目规范、工作项目规格说明、系统与设备要求、接口要求和系统危险报告的可追溯性；

c）验证软件安全性需求对潜在失效提供了正确的响应，需要考虑的方面包括：限制范围、相互依赖限制范围的逻辑关系、失序事件保护、表决逻辑、危险命令处理、定时问题、传感器或激励器失效、故障检测、隔离与恢复（FDIR）、容失效的切换逻辑以及在需要时达到并维持某个安全状态的能力等；

d）验证软件安全性需求包含为保证必须工作的功能而采取的措施。

2）应给系统安全性人员提供文档化的验证结果，其中包括新发现的危险、危险原因以及没有被适当分解的需求。

3）软件安全性需求分析的结果应在《软件需求规格说明》（见 GJB 438B－2009 规定）中予以条款明确，并通过正式项目评审，纳入配置管理。

8.2.4 软件设计安全性分析

8.2.4.1 目的和作用

分析软件设计，保证安全性需求的实现正确性和可测试性，以及安全关键软件部件和模块标识的正确性，并对软件设计是否维持系统处于安全状态、是否对潜在失效提供正确充分的响应进行复核。

8.2.4.2 开展的时机

软件设计安全性分析主要在方案阶段和工程研制与定型阶段下进行。具体是在软件概要设计阶段开始，在软件概要设计、详细设计工作开展的同时开展，至软件详细设计完成时结束。

8.2.4.3 工作要求

软件设计安全性分析的工作要求主要有：

1）按照 GJB/Z 142－2004 的要求，将系统安全性需求分配到软件的各个层次；

2）依据软件安全性需求，制定软件的安全性设计与代码要求，以确保覆盖所有的软件安全性需求，且实现全部的软件安全性需求；

3）标识用于实现软件安全性需求的安全性设计方法（例如：约束、失效检测与恢复、互锁、断言）；

4）使软件安全性需求可以得到完全测试；

5）将实现安全性关键需求的设计要求（部件、单元或数据），或是由于失效或其他机制能够对安全性关键元素造成影响的设计要求，设定为安全性关键的设计要求，并在软件设计文档中给出明确标识；

6）在安全性关键任务中，应重点考虑中断、时序、事件队列、硬件失效、通信等问题对安全关键功能的影响；

7）软件安全性设计与分析的结果应在《软件设计说明》中以独立条款明确，并通过正式项目评审，纳入配置管理。

8.2.4.4 软件设计安全性分析准则

（1）一般原则

软件安全性设计的目的是使系统的安全风险最小。在可能的情况下，通过设计消除已标识的危险或降低相关的风险。降低风险的途径包括：降低软件和接口的复杂性；为用户安全而不是为用户友好而设计（但要关注操作者使用模式）；针对开发和集成过程期间可测试性的设计；给予高风险方面（危险控制等）更多的设计“资源”（时间等）。

安全性设计的基本考虑包括以下几个方面。

① 功能分配

1）确定哪些模块等将实现安全关键需求，尽可能将安全关键的部件与非安全关键部件隔开；

2）最小化安全关键部件的数目，安全关键部件之间的接口的设计也应实现最小交互（低耦合）；

3）文档化安全关键部件在设计层次结构中的位置和功能；

4）文档化每个安全关键部件是如何追溯到初始安全性需求的，以及该需求是如何实现的；

5）详细说明安全性相关的设计和实现约束；

6）用文档记录执行控制、中断特性、初始化、同步和对部件的控制，对于高风系统，应避免中断，因为它们可能干扰软件安全性控制。

② 程序接口

1）定义所有部件之间的功能接口，对于安全关键的部件，尽可能限制它们与其他部件之间的交互；

2）标识软件内的共享数据，设计应将安全关键的数据与其他数据隔离开来，并使非安全关键部件不能访问安全关键数据；

3）文档化包含安全关键数据的数据库和数据文件以及所有访问它们的部件；

4）详细说明每一个接口的设计；

5）标识在接口中使用的安全性关键数据。

③ 故障检测、恢复和安全保护

1）为安全关键部件制定差错检测或恢复方案；

2）考虑对语言产生的异常和意外的外部输入（如，不合适的命令或越限的测量）的响应；

3）考虑危险操作场景：应考虑防止人工差错产生、在故障变为失效前予以识别以及降低危险发生的风险的方法；

4）考虑在操作中是否要求进行内存测试、何时运行这些测试以及这些测试能否影响安全关键功能；

5）考虑使用内存利用率校验对迫近的内存饱和提前告警；

6）安全保护和恢复措施的设计应充分考虑真实世界的条件和相应的临界时间。仅当在最坏（长时间）响应时间和最坏（短时间）临界时间之间有足够的裕量，自动安全保护才能够是有效的危险控制；

7）在临界时间少于现实操作人员响应时间，或在操作回路中没有人工干预时，常常需要自动的安全保护，自动安全保护可由硬件或软件或两者的结合来完成，取决于实现自动安全保护的最佳系统设计；

8）在保护关键内存块数据避免遭受无意破坏或删除方面，带内存管理单元的处理器提供一种保护机制。在使用物理（如 RAM）地址或逻辑内存地址的系统上对照关键内存地址对动态分配例行程序返回的地址范围进行检查，注意逻辑和物理地址是不可相互比较的，CRC 值或差错纠正代码是对可能被意外破坏的关键数据进行检测和/或纠正的软件方法；

9）考虑必须实现哪种容错和/或容失效措施，以及实现方法；考虑是否使用多版本软件以及如何保证这些版本的功能独立性。

④ 继承的或重用的软件和现货软件（COTS）

1）考虑对 COTS、继承或重用的软件进行的危险分析，以及对这类软件进行分析、测试和验证的信息；

2）针对这些软件遗漏的和额外的功能性设计的应对措施；

3）在文档中记录该软件在哪里使用，以及它和安全关键部件的关系。

⑤ 性能和余量

1）表明安全关键部件是如何对安全性需求做出响应的，并定义这些部件的设计余量；

2）采样频率的选择应考虑噪声水平和控制系统以及物理参数的预期变化：对于非关键信号的测量，采样频率应至少是最大预期信号频率的两倍；对于关键信号，以及用于闭环控制的参数，采样频率应比系统特征频率高出至少十倍；

3）数字化系统选择的字长应至少能减少量化噪声影响以确保系统的稳定性：字长和浮点系数的选择应适合整个系统环境中处理的参数；太短的字长可能造成误解，太长的字长可能造成特别复杂的软件和 CPU 资源的过度滥用，以及调度和计时的冲突等；

4）计算机读数据、计算和输出结果需要一定的时间，因此有些控制参数将总是存在延迟，控制系统应适应这种情况，并应校验计时时钟基准数据、同步和精确性（抖动），分析任务调度。

⑥ 可追踪性

1）对于每一个部件，标识到软件需求的可追踪性，尤其是到软件安全性需求的可追踪性；

2）所有的需求都应向下传递到设计，维护可追踪性矩阵或其他文档以帮助对此进行验证；

3）为每一个安全关键的设计特征标识测试和/或验证方法。

⑦ 可测试性

1）可测试性好的设计，包括能对部件的内部进行充分测试的方法，以验证它们正确地工作；

2）应对原型代码的初步测试结果进行评价，并记录在软件开发文件中；

3）发现的任何安全关键问题都应报告给安全性人员，以帮助制定可行解决方案。

（2）配合硬件或系统设计的考虑事项

配合硬件或系统设计应考虑：

1）电源火效防护。软件要配合硬件处理在加电的瞬间电源可能出现的间歇故障，避免系统潜在的不安全初始状态；在电源失效时提供安全的关闭；在电源的电压有波动时使它不会产生潜在的危险。

2）加电检测。软件设计应考虑在系统加电时完成系统级的检测，验证系统是安全的并在正常地起作用；必要时软件应对系统进行周期性检测，以监视系统的安全状态。

3）电磁干扰。对于电磁辐射、电磁脉冲、静电干扰，以及在太空中使用的计算机可能遇到的宇宙重粒子的冲击，硬件设计应按规定要求将这些干扰控制在规定的水平之下，软件设计要使得在出现这种干扰时，系统仍处于安全状态。

4）系统不稳定。若某些外来因素使系统不稳定，不宜继续执行指令，软件应采取措施，等系统稳定后再执行指令。例如，具有强功率输出的指令所引发的动作对系统或计算机系统的稳定性有影响，软件应使计算机在该指令输出并等系统稳定后，再继续执行指令。

5）接口故障。应充分估计接口的各种可能故障，并采取相应的措施。例如，软件应能识别合法的及非法的外部中断，对非法的外部中断，软件应能自动切换到安全状态。反馈回路中的传感器有可能出故障并导致反馈异常信息，软件应能预防将异常信息当作正常信息处理而造成反馈系统的失控。同样，软件对输入、输出信息进行加工处理前，应检验其是否合理（最简单的方法是极限量程检验）。

6）干扰信号。对被控对象的变化信号中伴随存在的干扰信号采用数字滤波器加以过滤时，采样频率的确定不仅要考虑有用信号的频率，而且要考虑干扰信号的频率。

7）错误操作。软件应能判断操作员的输入操作正确（或合理）与否，在遇到不正确（或不合理）输入和操作时拒绝该操作的执行，并提醒操作员注意错误的输入或操作，同时指出错误的类型和纠正措施。

8）机械限位控制。对具有机械安全限位要求的硬件设备，软件应对输入给硬件的控制数据进行极限限位和容错处理，比如射击限位和传感器天线转动限位的控制处理等，以避免不当的输入信息造成系统安全问题或设备故障。

（3）容错和容失效的设计

为了防止故障在软件中传播，安全关键的部件应完全独立于非安全关键的部件，还应能既检测出自身内部的错误，又不允许将错误传递下去。换言之，接收部件能够捕获并包容该错误。

1）围绕故障和失效的设计应考虑：

a）必须工作的功能。必须工作的功能通过独立的并行冗余实现容失效。为此，必须在各个并行路径中存在相异的软件。若两个并行串是独立的，就不可能出现能同时使所有三个串都失去工作能力的两个失效。

b）必须不工作的功能。必须不工作的功能通过过多个独立的串联禁止来达到容失效。对于那些视为独立的串联禁止而言，它们（通常）应受控于包含相异软件的不同处理器。对于独立的 2 个串联禁止而言，没有任何一个单一失效、人员差错、事件或者环境可以激活这 2 个禁止。对于独立的 3 个串联禁止而言，没有任何 2 个失效、人员差错、事件或者环境（或者任何 2 个单项的组合）可以激活所有 3 个禁止。一般说来，这意味着每一个禁止都应具有不同软件（例如，N -版本程序设计）的不同处理器来控制。

2）冗余和容错设计应考虑：

a）屏蔽。对于非离散的连续变化的安全关键的参数，一种有用的冗余技术是“屏蔽”。“屏蔽”有两种方式：一种方式是，一个较高级的过程仿真一个或者一些较低级的过程，以便预测预期的性能，并判定失效是否已经在较低级的过程中发生，较高级的过程在检测到某种偏离时实施适当的冗余切换；另一种方式是，在没有足够的冗余来保持系统充分运行时，较高级的过程可以转换到某个功能子集或者降级功能集，以执行最少的功能。

b）机内测试。有时故障/失效检测、隔离和恢复可以基于较低级处理器的机内测试，其中较低级的一些单元进行自我测试，并向较高级的处理器报告它们的好/坏状态。较高级的处理器将被报告为失败或不健康状态的单元关掉。

c）多数表决。有些冗余方案基于多数表决，在诊断失效的准则复杂时，这个技术特别有用。多数表决要求更多的冗余来达到某个给定的容失等级，具体如下：3 取 2 达到容一个失效；5 取 3 达到容两个失效。为了达到多数表决，要求奇数个并行单元。

d）N -版本程序设计。N -版本程序设计可以用于实现容失效的行为。软件的多个独立版本同时执行，如果结果完全一致，那么过程继续；如果存在不一致，那么使用某种表决方法来确定哪种结果是正确的。要确保达到 N -版本程序设计有效的独立性，应选用各种不同的实现手段和方法来保证版本的强制相异，以减少共因故障。还可以对每一版本运算的结果增加一个简单接受测试或定时约束的功能，来先期取消被证明是错误的结果或迟迟不能到达的结果，以提高表决器的实时性和成功率[①]。

e）故障封锁区域。建立故障封锁区域，以防止软件故障的传播。应使用诸如防火墙或者“来源”检查之类的技术来为故障封锁区域提供充分的隔离，以防止危险的故障传播。最好采用硬件对故障封锁区域进行分割或者采用硬件作为故障封锁区域的防火墙。“逻

---

① 仅仅依靠不同的设计队伍并对其他设计因素不作强制要求而开发的软件称为随机相异软件；不仅依靠不同的设计队伍，而且对方法、手段、工具、模型、语言（或语言的子集）作出强制规定而开发的软件称为强制相异软件。运行相同操作系统的两个处理器既不相互独立，也不相互容失效。

辑的”防火墙可以用来隔离软件部件。例如，将一个应用程序与某个操作系统相隔离。在某种程度上，这可利用防错程序设计技术和内部软件冗余（例如，使用授权的代码或者密钥）来完成。然而，这种软件/逻辑防护措施可能因硬件失效或者电磁干扰/辐射效应而失效。获得故障封锁区域之间的独立性的典型方法是，将这些故障封锁区域驻留在不同且独立的硬件处理器上。有时，可将独立的故障封锁区域驻留在相同的处理器上，这主要取决于特定的硬件配置(例如，故障封锁区域被存储在单独的内存芯片上，并且它们既不同时也不并发地在相同的CPU上进行多任务处理)。

f）冗余的体系结构。冗余的体系结构指具有两个版本的运行代码。与N-版本程序设计不同，这两个版本并不需要等同的运行。主软件是高性能的版本，是需要运行的“常规”软件，它满足要求的所有功能和性能需求。将控制提供给“高性能”内核（也称为安全性内核)。该高保证内核可以具有与高性能软件相同的功能性，或者可以具有较为有限的范围。其主要特点在于它是安全的。该高保证内核几乎肯定是较少优化的（较慢、更容易受压、对它能够处理的载荷有较少的限制等)。

g）恢复块。恢复块使用多个软件版本以发现故障，并从故障中恢复。对一个版本的输出通过验收测试进行检查。如果它失败，那么另一个版本计算该输出，并且该过程继续。每一个后继版本更为可靠，但效率更低。如果最后一个版本失败，程序必须确定某些失效安全的方式。

h）资源丰富性。资源丰富性强调通过多种方法达到系统目标。例如，如果目标是要将一个扫描平台指向某个特定目标，而并没有规定准确的运动情景，无论是移动＋10°还是－350°，它都指向同一个位置，它要求系统是功能丰富的，以便提供达到目标所需要的选择。

i）部件自保护和检测。部件应是自我保护和自我检测的。一个自我保护的部件不允许其他部件来毁坏它；相反，它向调用部件返回一个错误的指示。一个自我保护的部件应能检测它自己的错误，并试图从错误中恢复。自我检查是动态故障检测的一种类型，由其他技术（例如，N-版本程序设计和恢复块）使用。自我检测的种类包括复制检查（如果数据被认为是正确的，那么拷贝必须是相同的）、合理性检查（根据系统中的其他数据来确定数据是否合理）以及结构检查（部件是否正确地处理复杂的数据结构）。

（4）接口设计

① 与硬件相关的接口软件设计

与硬件相关的接口软件设计应考虑：

1）反馈回路。系统硬件的反馈回路设计，应保证软件不可能由于反馈传感器失效引起失控条件。在软件设计中应考虑已知的部件失效模式，并将检查手段设计到软件中以检测失效。

2）接口控制。与安全关键硬件的接口应在所有时刻受控，即应监视该接口以确保错误或虚假数据不会意外地影响该系统，接口的失效得到检测，并且在上电、电源波动和中断以及系统错误或硬件失效事件情况下保证接口安全。

3）判定语句。安全关键计算系统功能中的判定语句应不依靠全一或全零的输入，特别当这个信息来自外部传感器时。

4）CPU 间的通信。CPU 间的通信应在传输安全关键数据之前成功地通过对两个 CPU 的验证检查。应进行定期检查以确保接口的完整性。检测出的错误应予以记录。如果接口多次连续传输失败，应向操作员报警，并终止安全关键数据的传输直到能进行诊断性检查。

5）数据传输报文。数据传输报文应是预先规定的格式和内容。每次传输应包含一个指示报文长度（如果可变的话）、数据类型或报文内容的字或字符串。至少应使用奇偶校验检查及累加和来验证数据传输的正确性，可能时应使用 CRC。在验证数据传输正确性之前任何来自数据传输报文的信息都不得使用。

6）外部功能。要求两个或多个来自软件的安全关键信号的外部功能（例如，点火安全设备或武器点火设备的解除保险和空中发射武器的释放）应不从单个输入/输出寄存器或缓存器接受全部必要的信号。

7）输入合理性检查。对于所有模拟和数字输入和输出，应在按照这些值执行安全关键功能之前进行范围和合理性检查，包括时间范围、依从关系。应根据经过验证的安全关键的模拟或数字输入执行安全关键功能。

8）满刻度表示（量程边界表示）。软件设计时，应使软件的满刻度和零表示都与任何数字到模拟、模拟到数字、数字到同步、和/或同步到数字转换器完全兼容。

② 软件模块间接口设计

设计软件模块间接口时应确保：

1）模块的参数个数与模块接受的输入参数个数一致；

2）模块的参数属性与模块接受的输入参数属性匹配；

3）模块的参数单位与模块接受的输入参数单位一致；

4）模块的参数次序与模块接受的输入参数次序一致；

5）传送给被调用模块的参数个数与该模块的参数个数相同；

6）传送给被调用模块的参数属性与该模块参数的属性匹配；

7）传送给被调用模块的参数单位与该模块参数的单位一致；

8）传送给被调用模块的参数次序与该模块参数的次序一致；

9）调用内部函数时，参数的个数、属性、单位和次序一致；

10）不得修改只是作为输入值的参数；

11）全局变量在所有引用它们的模块中都有相同的定义；

12）不存在把常数当作变量来传送的情况。

注：软件模块可以是软件单元或类。

③ 人-机界面设计

人-机界面设计应考虑：

(a) 显示界面

设计时应考虑下列问题：

1）向操作员提供的安全关键显示信息、图标及其他人-机交互方式应清晰、简明且无二义性；

2）显示应考虑颜色、字体大小和位置等因素，符合人-机工程要求；

3）基于任务需求将信息分配到不同的格式或者页面；

4）对于包含在不同页面的所有必要信息相互一致；

5）页面的显示内容不宜太多。

（b）人-机接口（CHI）

设计时应考虑下列问题：

1）明确地阐述 CHI 设计的安全关键方面，包括对预想的单个或多个操作员失效的分析；

2）进行人的因素、人类工程学和认知科学的分析；

3）确保无效的操作请求被加上标记，并向操作员指明；

4）要求最少两条独立的命令来执行安全关键功能，并考虑在启动任何安全关键指令序列之前是否要求一个操作员响应或授权；

5）避免在操作员未知的情况下改变系统的安全状态；

6）安全关键状态变更时，确保有状态变更报告；

7）能清晰区别关键输入、检查输入的范围和合法性；

8）允许撤销和恢复，行动应能撤销，错误应能恢复；

9）提供适当且及时的反馈，如果操作完成，则应给出指示；如果将出现进一步的选项或者行动，则也应说明之；应使操作员能够感觉到对系统的控制以及系统对其行动的响应；

10）提供表明软件正在运行的实时指示；

11）需要若干秒或更长时间的处理功能，在处理期间应向操作员提供状态指示。

（c）安全状态恢复

人-机交互软件要便于操作员用单一动作处理当前事务，使系统退出潜在不安全状态，并恢复到某一安全状态。该动作可以包含同时按两个键、按钮或开关。在操作员反应时间不足以防止灾祸时，软件应将系统回到一个已知的安全状态，报告该失效，并向操作员报告该系统状态。

（d）安全关键操作启动

启动安全关键操作时，应由两个或多个人员在“与”方式下操作，并有完善的误触发保护措施，以避免造成无意激活。例如，在启动某个安全关键功能时，最少应由两个不同按键来启动，并且在设计这两个按键时，应使这两个按键在操作键盘或操作面板上保持一定的距离，以免误触发。两个操作员应独立地、最好在不同的操作键盘或操作面板上同时启动，且一个操作员不能同时启动也不能采取措施强迫另一操作员启动。

（e）误操作防护

软件应能检测不正确的操作员录入或操作，并防止由于该差错的结果而执行安全关键功能。对于该错误录入或操作应向操作员报警。报警应包括错误信息和纠正措施。软件还应提供对有效数据的录入，并向操作员提供可视和/或声音反馈，使操作员知道系统已经接受该动作并正在处理它。

（f）报警设计

报警应使例行报警与安全关键的报警相区别，并应使得在没有采取纠正行为或没有执行所要求的后续行为以完成该操作的情况下，操作员无法清除安全关键的报警。提醒操作员注意不安全状态的信号应尽可能直接送到操作员接口。如果提供了一个操作员接口并已经检测到一个潜在不安全状态，应提醒该操作员注意检查到的异常情况、所采取的措施以及所导致的系统配置和状态。

（g）应考虑对故障报警记录字进行专门设计

在系统实时运行记录字的设计中，对其各分系统运行状态的故障报警标识设计，应作为一个专题进行研究。对各分系统的故障报警标识设计不能只是正常、报警、故障等笼统的标识。应在各分系统的 FMEA、FTA 工作的基础上，力图给出尽可能详细的、能定位到具体故障源的故障报警标识。在尚未进行程序设计时，故障报警标识的表示位要事先留有充分的余地，在进行了详细的程序设计之后，要尽量利用故障报警标识将各种可能的故障定位。例如，对各种可能的分系统回应信息超时的具体情况（在程序中对应不同的分支路径）进行标识设计。当用 n 位表示故障时，其能表示的故障个数为 2^n-1，其中用全 0 表示正常。通过记录字记录下程序运行时所有的状态和错误，便于对程序运行情况进行分析和判断，有利于故障定位等。

(5) 通信设计

通信设计时应考虑以下问题，可能时应在需求分析阶段尽早明确：

1) 通信接口相关联系系统界面必须协调明确。在通信设计时，应以文件的形式明确各自任务。防止两系统间经常会因为不了解对方的任务，而使相互间的处理出现问题。

2) 数据发送方应充分考虑数据接收方的数据处理能力。在制定通信协议时，数据发送方应充分考虑数据接收方的数据处理能力（内存、处理时序、处理时间和处理能力），在设计中应避免数据的发送方只负责发送数据，而不考虑数据的接收方能否正确接收和处理数据。

3) 数据接收方要充分考虑发送方的各种情况。在制定通信协议时，数据接收方要充分考虑发送方发送数据的各种情况，例如：要有全速数据传输情况下的处理能力（除非另有间隔协议），要能识别和处理重复的数据帧，对接收的错误数据帧要设计相应的错误处理功能，防止单帧数据错误导致整个通信信道阻塞。

4) 接口通信协议帧格式设计要求如下：

a) 在接口通信协议设计时，应确保通信数据帧由帧头、数据项（含帧号、帧长、数据体）、校验字节和帧尾组成。以便接收方进行数据帧的同步，以及数据有效性的校验。

b) 如里是串行异步通信，帧头应尽量采用多字节，保证帧头的唯一性，以及对帧头后帧长的准确接收。

c）帧之间的间隔通常要大于帧内字节之间的间隔，以便接收方有足够的时间对帧头进行搜索接收。

5）接受数据应严格按照通信协议进行处理。数据接收方在按收数据帧时，应按照通信协议判断帧头、帧尾和校验字节正确后才可以使用数据。

6）通信双方交换字格式设计：

a）在通信双方的交换字格式设计时，要考虑双方计算机的字长，采用方便双方交换的字格式。如中心机字长是 32 位，而信号处理机 16 位，则涉及到信号处理的交换字应以 16 位为一个独立信息单位进行定义。不要使信号处理机靠 2 个字的部分信息（如第 1 字的后 6 位和第 2 字的前 10 位）的组合来完成一个独立信息的解释。

b）对交换字各位解释说明其含义时，单一位的解释说明，不仅要说明为“1”的含义，还要说明为“0”的含义；多位解释说明时，不仅要说明特定组合的含义，还要说明其他组合的含义。如 2 位组合的含义解释说明时，不仅要说明“00 表示雷达、红外不记忆”“01 表示雷达外记忆”“10 表示红外记忆”，还要说明“11”表示何含义（可能是无此定义，也可能是交换字错误、但要明确说明）。

c）初始状态要设计为 0 位状态。如，“00 表示雷达、红外不记忆”即应为初始状态。又如，用“01 表示 Ku 波段”“10 表示 Ka 波段”“00 表示不定波段”和用“0 表示 Ku 波段”“1 表示 Ka 波段”这两种方式对初始状态的理解是不一样的。

7）避免双口 RAM 读写冲突。通过双口 RAM 进行信息交换是经常采用的一种设计方案，双口 RAM 使用时要注意访问冲突。解决冲突的方式有硬件握手和软件握手之分。

8）数据传送过程中应对安全关键数据进行加密处理，以保护数据内容。

（6）数据安全性设计

数据的处理应考虑：

1）属性控制。任何数据都应规定其合理的范围（例如，值域、变化率等)。如果数据超出了规定的范围，就应进行出错处理。变量的定义域应预先规定，在实现时予以说明，在运行时予以检查。应对参数、数组下标、循环变量进行范围检查。

2）数值运算范围控制。进行数值运算时，应注意数值的范围及误差问题。在把数学公式实现成计算机程序时，要保证输入输出及中间结果不超出机器数值表示范围。

3）精度控制。应保证运算所要求的精度。要考虑到计算误差及舍入误差，选定足够的数据有效位。

4）合理性检查。在软件的入口、出口及其他关键点上，应对重要的物理量进行合理性检查，并采取便于故障隔离的处理措施。

5）特殊问题。在进行数学运算时，应仔细考虑浮点数接近零时的处理方式，在可能发生下溢时，使用适当小的浮点数来替代零，以避免下溢情况发生。在含有浮点数的关系判断中，不应直接进行相等关系判断。在软件设计时应考虑某些硬件（如数字协处理器）出错的处理，对在使用这些硬件的过程中出现的异常情况进行实时恢复。

（7）中断设计

中断使用的原则包括：

1）能用查询方式的不用中断方式；

2）如果使用中断，中断服务程序尽量短；

3）应当屏蔽无用中断，并对无用中断设置入口并返回；

4）设置中断的边缘触发或电平触发，电平触发要确保电平宽度，边缘触发要有防止毛刺的措施（软件或硬件方法）；

5）分析可能的误中断以及频繁中断的影响，合理采取措施；

6）针对具体 CPU 中断机制，可能存在同一中断多次响应（如电平触发方式、电平宽度较宽时），软件对此应有措施；

7）禁止使用中断自嵌套；

8）中断服务程序应严格按照所使用 CPU 的标准框架。

（8）模块设计

模块设计时应尽量简化：

1）模块的单入口和单出口。除中断情形外，模块应使用单入口和单出口的控制结构。

2）模块的独立性。模块的独立性，应以提高内聚度、降低耦合度来实现，设计时应遵循下述准则：

a）采用模块调用方式，而不采用直接访问模块内部有关信息的方式；

b）适当限制模块间传递的参数个数；

c）模块内的变址应局部化；

d）将一些可能发生变化的因素或需要经常修改的部分尽量放在少数几个模块中。

3）模块的扇入扇出。在设计软件时，将模块在逻辑上构成分层次的结构，在不同的层次上可有不同的扇入扇出数。模块的实际结构形态应满足下述准则：

a）模块的扇出一般应控制在 7 以下；

b）为避免某些程序代码的重复，可适当增加模块的扇入；

c）应使高层模块有较高的扇出，低层模块有较高的扇入。

4）模块的耦合方式。模块间耦合的方式有五类，按其优选顺序排列如下：

a）数据耦合。输入的数据元素应以显示参数的形式传给另一个模块的接口。调用模块无须知道数据如何被使用。

b）控制耦合。形成控制域的接口方式。例如：使用指定要求处理类型的变量。这时，要求发送模块在控制域中置一个值，接受模块测试此值。

c）外部耦合。模块通过检查和使用已在另一模块中定义并驻留的数据变量来接收其输入的接口方式，例如：模块间共用文件。

d）公共数据耦合。所需数据是更大数据集合中一部分的接口方式，例如：公共数据结构的使用。采用公共数据耦合设计的系统中，数据流是无法跟踪的。

e）内容耦合。设计一个模块时，应了解其他模块的技术细节的接口层。例如，必须知道内部开关设置的耦合。内容耦合的模块往往可共用代码行。

5）模块的内聚方式。模块内诸元素关联的方式有六类，按其优选顺序排列如下：

a）功能内聚。功能内聚的模块应是全部成分均为执行单一的、相对独立的处理功能的摸块。例如，正弦函数、余弦函数。

b）顺序内聚。顺序内聚的模块应是一种其中处理成分的输出用于下一成分输入的模块。这种模块是基于控制结构而组织的。例如，把编辑处理和更新主文件连在一起的模块。

c）通信内聚。通信内聚的模块应是一种全部元素在同一类型输入数据集上操作并（或）产生同样类型的输出数据的模块。这是一种将输入和输出组合在相同模块中的模块化。例如，在某专用文件上执行全部 I/O 功能的模块。

d）时间内聚。为处理面向时间的活动而建立的模块。这是一种其成分仅在时间上相关的内聚方式。例如，将初始化例程和终止例程组织在同一模块中。

e）逻辑内聚。以逻辑分组形式组合的模块。例如，打印一组在许多程序段中生成的不同错误信息。

f）偶然内聚。其中的元素没有关系或几乎没有关系的模块。例如，基于语句条数、任意把程序分段而形成的模块。

（9）定时、吞吐量和规模的余量设计

定时、吞吐量和规模的余量设计应考虑：

1）资源分配及余量要求。在软件设计时，应确定有关软件模块的存储量、输入输出通道的吞吐能力及处理时间要求，并保证满足系统规定的余量要求，一般要求应留有不少于 20%的余量。

2）时序安排的余量考虑。软件工作的时序安排，要结合具体的被控对象确定各种周期。如采样周期、数据计算处理周期、控制周期、自诊断周期、输出输入周期等。当各种周期在时间轴上安排不下时，应采取更高性能的 CPU 或多 CPU 并行处理来解决，以确保软件的工作时序之间留有余量。

（10）防错设计

防错设计应考虑：

1）参数化。在软件设计中，应规定用统一的符号来表示参数、常量和标志，以便在不改变源程序逻辑的情况下，对它进行更改。

2）标志。所有标志应进行严格的定义，并编制标志的使用说明。对于安全关键的标志，在其被使用的软件单元里，应唯一且用于单一目的。标志的内容包括：

a）名称和位定义；

b）功能和作用；

c）使用范围（有效范围）；

d）生存周期（初始状态、运行中的变化条件、状态和时刻、最终状态）；

e）使用情况（使用该标志的模块名及使用方式）。

3）安全关键信息。对于安全关键信息，设计时应注意：

a）安全关键信息不能仅由单一 CPU 命令产生。

b）不用寄存器和 I/O 端口来存储安全关键信息。

c）安全关键信息的表示：使安全关键信息不会因一位或两位差错而引起系统故障。安全关键信息与其他信息之间应保持一定的码距。例如，不能用 01 表示一级点火，10 表示二级点火，11 表示三级点火。不得使用一位的逻辑“1”和“0”表示，建议使用 4 位或 4 位以上、既非全 0 又非全 1 的独特模式来表示，以确保不会因无意差错而造成危险。例如，可用四位模式“0110”来表示系统的安全状态，用“1001”来表示系统的危险状态，其他模式表示系统状态出借，需要系统对其进行处理。

d）如安全关键信息有差错，应能检测出来，并返回到规定的状态（例如，安全状态）。

e）安全关键信息的决策判断依据不得依赖于全“1”或全“0”的输入（尤其是从外部传感器传来的信息）。

4）安全关键功能。安全关键功能的运行，应在接到两个或更多个相同的信息后才执行。

5）非授权存取的限制。

a）应防止对程序（源程序、汇编程序及目标代码）的非授权的或无意的存取或修改，其中包括对代码的自修改；

b）应防止对数据的非授权的或无意的存取或修改；

c）对安全关键功能模块应设置调用密码。

6）文件。文件应唯一且用于单一目的；文件在使用前应成功地打开，在使用结束后应成功地关闭；文件的属性应与它的使用相一致。

7）无意指令跳转的处理。应检测安全关键软件内或安全关键软件间的无意跳转；如果可行，应进行故障诊断，并确定引起无意跳转的原因。应提供从无意指令跳转处进入故障安全状态的恢复措施。

8）程序检测点的设置：

a）在安全关键软件中的关键点上进行监测，在发现故障时进行故障隔离；必要时，使系统进入安全状态；

b）在完成必要检测功能的前提下，检测点宜少不宜多；

c）测试特征量流出通道应力求独立，使测试功能的失效不会影响其他功能。

9）寻址模式的选用。尽量不使用间接寻址方式。在确实有必要采用间接寻址方式时，需慎重考虑和充分论证，并在执行之前验证地址是否在可接受的范围内。

10）数据区隔离。为了防止程序把数据错当指令来执行，要采用将数据与指令分隔存放的措施。必要时在数据区和表格的前后加入适当的 NOP 指令和跳转指令。使 NOP 指令的总长度等于最长指令的长度，然后加入一条跳转指令，将控制转向出错处理程序。

11）信息存储。考虑到信息保存的可靠性，对不需修改的重要信息，条件允许时应放在不易丢失的只读存储器（ROM）中。对需要少量次数修改的重要信息，则应放在电可擦除可编程只读存储器

(EZPROM) 中。在宇宙空间中不得使用电可编程只读存储器(EPROM)。

a) 对安全关键信息，应保存在多种或多个不同芯片中，并进行表决处理；

b) 对可编程只读存储器 (PROM) 中的重要程序进行备份（例如，备份在不同的 PROM 中），一旦 PROM 中的程序被破坏，还可通过遥控命令等手段使系统执行其备份程序；

c) 对随机存取存储器 (RAM) 中的重要程序和数据，应存储在三个不同的地方，而访问这些程序和数据都通过三取二表决方式来裁决。

12) 算法选择：

a) 对规定时间内要完成规定任务的软件，不能采用没有把握在一定时间内算出结果的算法。例如，不应采用只有“计算迭代到 $|\Delta|<\varepsilon$ 为止”的算法，而采用迭代到 $|\Delta|<\varepsilon$ 为止或迭代到一定次数为止。

b) 算法所使用的存储空间应完全确定。例如，尽量不采用动态堆空间。

(11) 自检查设计

自检查设计应考虑以下几个方面。

1) 监控定时器的设计。监控定时器设计时应遵循下述准则：

a) 应提供监控定时器或类似措施，以确保微处理器或计算机具有处理程序超时或死循环的能力。

b) 监控定时器应力求采用独立的时钟源，用独立的硬件实现；若采用可编程定时器实现，应统筹设计计数时钟频率和定时参数，力求在外界干扰条件下定时器受到干扰后定时参数的最小值大于系统重新初始化所需的时间值，最大值小于系统允许的最长故障处理时间值。

c) 与硬件状态变化有关的程序设计应考虑状态检测次数或时间，无时间依据的情况下可用循环等待次数作为依据，超过一定次数作超时处理。

d）计时器复位设计，应使软件不能进入某个内部循环或作为该循环指令序列的一部分复位该计时器。适用时应使系统返回到某个已知安全状态并向操作员报警。计时器的设计必须确保主要 CPU 时钟的失效不能损害其功能。

2）存储器检查。必须定期检查存储器、指令和数据总线。测试指令序列的设计必须确保单点或很可能的复合失效被检测出来。加载时必须进行数据传输的检查和程序加载验证检查，并在此后定期进行，以确保安全关键代码的完整性。

3）故障检测。对于计算系统的安全关键子系统必须编写故障检测和隔离程序。故障检测程序必须设计成在这些有关安全关键功能执行之前检测潜在的安全关键失效。故障隔离程序必须设计成将故障隔离到实际的最低级，并向操作员或维护人员提供这个信息。

4）运行检查。可测试的安全关键系统元素的运行检查必须直接在执行有关安全关键操作之前进行。

（12）异常保护设计

异常保护设计应考虑：

1）仔细分析软件运行过程中各种可能的异常情况，设计相应的保护措施；

2）当采用外购（协）或重用软件时，应仔细分析外购（协）或重用软件原有的异常保护措施对现有的软件需求是否足够且完全适用；

3）异常处理措施应使系统转入安全状态，保存异常出现的现场信息，并保持计算机处于运行状态。

8.2.5　软件代码安全性分析

8.2.5.1　目的和作用

在软件设计与实现阶段，软件安全性需求已经从设计向下传递到代码级，并形成相应的软件安全性编码要求。全部软件安全性设计特征与方法均应在软件安全性编码要求中得以实现。软件编制时应遵循相应的编制规范，编制完成后进行代码安全性分析验证工作。

因此，软件代码安全性分析的主要目的是分析源代码，识别没有恰当实现的安全特征，验证软件实现覆盖软件安全性设计的全部特征与方法。

8.2.5.2　开展的时机

在软件实现阶段后期，可以开始对代码早期版本进行分析，但最终应对软件的最后版本进行完全的分析。该分析应在软件测试阶段开始之前完成。

8.2.5.3　工作要求

软件代码安全性分析的工作要求如下：

1）验证在软件代码中正确实现了设计的安全特征与方法；

2）验证软件代码实现没有弱化任何安全控制或安全处理，并且在全部运行模式下，软件可将系统维持在一个安全的状态；

3）代码分析应考虑时序约束、硬件失效、故障迁移、通信、中断、并发、事件序列、容错、不利的外部环境、非法输入、信息流等因素；

4）代码和数据验证活动应确保软件部件或单元层次上所有的软件安全性需求得到充分的证实（在可验证的范围内）；

5）验证全部安全性关键代码单元对安全性关键性设计要求的可追踪性；

6）应对安全关键软件进行代码审查，制定代码审查单有助于提升审查效果。

8.2.5.4　分析方法

对代码进行分析和验证的方法包括代码逻辑分析、代码数据分析、代码接口分析、未使用代码分析、中断使用分析、代码审查以及定时、吞吐量和规模分析等方法。

（1）代码逻辑分析

代码逻辑分析检查软件中的逻辑错误。这些分析通过逻辑重构、方程式重构等来完成。对于复杂的软件，可只对其安全关键的部件进行代码逻辑分析。对于其他软件部件，如果认为其对系统功能来说是重要的，也可对这些部件进行代码逻辑分析。

1）逻辑重构需要从代码转换成流程图，并将代码设计说明与转换后的流程图进行比较；

2）通过将代码中的方程式与设计中的方程式进行比较来完成方程式重构；

3）即使在关键的指令序列可能伪装为数据的情况下，也应标识关键的指令序列，分析应确定每条指令是否有效，并确定执行该指令的条件是否有效；

4）尽可能使用自动化的工具辅助进行代码逻辑分析。

（2）代码数据分析

代码数据分析的重点是分析软件中的数据结构和使用情况。数据分析应关注如何定义和组织数据项。通过将代码中所有数据项的值与设计中给出的描述相比较来完成代码数据分析。应特别关注安全关键数据的完整性，防止其被无意地改变或者覆盖。例如，检查中断过程是否干扰安全关键的数据；检查说明为安全关键变量的“类型”。

（3）代码接口分析

代码接口分析的目的是验证一个软件部件的内部接口和外部接口的兼容性。每一个接口都是一个潜在问题的来源。验证这些接口已经得到了适当的实现。检查参数适当地通过接口进行了传送。验证接口各侧的数据规模、测量单位、字节序列和字节中的位次序是相同的。

（4）未使用代码分析

若软件中存在未使用的代码，就可能使得软件中存在不必要的复杂性，可能占用了通常为有限资源的内存或者大容量存储器；或可能包含那些如果偶然执行（例如，由于硬件失效或者由于一次单粒子反转）可能产生危险的子程序。因此在编码期间需要使用人工方法（如代码走查）或工具检查是否存在未使用的代码，并对未使用代码进行分析。

(5) 中断使用分析

中断若使用不当则会对控制流和数据流产生不良影响，因此中断分析的重点是关注中断使用的正确性。在进行中断分析时，应考虑：

1）基本情况：列举该软件用到的全部中断，但不包括软中断。分析它们属于定时中断还是周期性中断或随机中断，是偶发的还是频繁的，是系统内的还是系统外的；

2）中断之间的关系：检查中断优先级分配情况、中断之间是否有约束机制等；

3）中断的处理流程：中断入口的保护；中断出口的恢复；中断执行时间是否合适；开中断时机是否恰当等；

4）中断的嵌套：中断控制初始化是否和硬件电路相容；是否和系统功能要求一致；可能发生的最大嵌套次数；最大嵌套时的执行时间测试和估计；最大嵌套时的堆栈使用情况；是否有自嵌套的情况；是否会丢失低级中断；是否会发生死锁；

5）资源竞争检查：有无共享的缓冲区、共享变量和I/O端口存在。读写处理是否有冲突；是否有同时出现的中断申请；

6）异常情况处理：是否采用了防止干扰引起中断误触发的措施（含硬件），如抑制干扰源、切断干扰通路、提高抗干扰能力等；发生误触发或丢失中断对系统功能有哪些影响；

7）再入代码：再入代码是为中断时不丢失状态信息而设计的。检查再入部件为每一个中断保存足够的数据，并且数据和系统状态的恢复正确；

8）可中断的代码段/部件：如果定时关键区域无法接受时，则应确保对其进行了保护而不被中断。检查不应被中断的指令序列；

9）空中断处理：考虑在接收到一个空中断时将会发生什么，需要如何处理。

GJB/Z 102A 提供了中断分析检查表的参考格式。其中，中断一般情况检查表见表 8－6。该表用于对中断的基本信息进行搜集。

表 8－6　中断一般情况检查表

序号	中断名称和标识	中断号	入口地址和标识	执行的功能	时间特性			优先级	追踪关系	备注
					周期/随机	频繁/偶发	执行时间			

在对中断使用情况了解的基础上，对每一个中断处理进行分析并文档化形成中断处理情况表和资源冲突检查表，分别如表 8－7、表 8－8 所示。

表 8－7　中断处理情况表

中断名称和标识		中断处理				
被分析项名称	子项名称	分析的判断			追踪关系	备注
		合格	疑问	不适用		
初始化	与应用要求的符合性					
	与硬件电路设计的符合性					
	与芯片使用手册的符合性					
现场保护和恢复	入口是否保护了所有用到的资源					
	出口处是否正确进行了恢复					
特殊情况处理	被屏蔽的处理					
	被推迟的处理					
	被遗漏的处理					
	有嵌套的处理					
异常情况	是否有自嵌套中断					
	是否有中断死锁					

续表

中断名称和标识		中断处理				
被分析项名称	子项名称	分析的判断			追踪关系	备注
		合格	疑问	不适用		
开关中断时机	是否及时开中断					
	是否及时关中断					
定时中断						
中断响应时间	正常情况下是否满足要求					
	最坏情况下是否满足要求					

表 8－8　中断处理情况表

端口/变量/缓冲器名称和标识	主程序中访问			中断服务程序 m 中访问			……	中断服务程序 n 中访问			有无冲突存在		追踪关系
	只读	只写	读写	只读	只写	读写	……	只读	只写	读写			

对未使用中断进行检查，形成如表 8－9 所示的未使用中断检查表。

表 8－9　未使用中断检查表

中断号	中断矢量表处理			中断控制芯片寄存器处理			是否显示关闭该中断	追踪关系
	无处理	跳转到开始	跳转到陷阱	控制寄存器	状态寄存器	共享寄存器		

（6）代码审查

应对安全关键软件进行代码审查，代码审查单有助于提高审查效果。

（7）定时、吞吐量和规模分析

编码阶段结束后，便可以测量定时、吞吐量和规模参数。可执行部件的规模（存储量的大小）容易测量，因为它就是由该运行软件所使用的内存空间量。为了确定内存的最大使用量，定时和吞吐量参数可能需要运行特定的测试，其中有些测试可能需要在测试阶段进行，因为在测试阶段这些参数才正式地包含在功能测试或者负载/强度测试之中。只要相应的代码是稳定的，应尽早地执行测试，以验证定时、吞吐量和规模需求。

8.2.6　外购与重用软件的分析与测试

8.2.6.1　目的和作用

在软件开发过程中，应对外购与重用软件进行安全性分析和评价工作，并对其进行验证，减小其给系统带来的风险。

8.2.6.2　开展的时机

对外购和重用的软件部件或应用程序的分析应不迟于软件详细设计，对外购和重用的软件部件或应用程序的测试应不迟于软件单元测试。

对外购和重用的计算机软件配置项的分析应不迟于软件需求分析，对外购和重用的计算机软件配置项的测试应不迟于软件确认测试。

8.2.6.3　工作要求

外购与重用软件的分析与测试的工作要求如下：

1）开展分析与测试的外购软件包括外购的操作系统、应用程序、硬件驱动程序等；

2）开展分析与测试的重用软件包括已有软件中直接沿用现有装备的计算机软件配置项、软件部件或应用程序；

3）应分析评价软件满足必须的安全性功能的能力；

4）分析软件超出使用要求以外的附件功能及其对装备安全性的影响；

5）分析软件与现有开发软件间的接口，并进行测试验证；

6）针对外购与重用软件的分析验证应确保软件的功能与性能及其文档具有正确性、一致性和完整性。

8.2.6.4 工作方法

按要求决定重用某软件来完成安全关键功能之前，应确定其适用性。表 8－10 提供了一个检查单示例，以帮助对重用软件的安全性分析。

表 8－10 现货软件（COTS）检查单示例

序号	待考虑项	问题回答（是/否）	计划的措施
1[a]	供应商的设施和过程是否经过审核？ 允许对供应商的设施和过程进行一次审核。不论什么原因，如果不能实施一次审核，那么该 COTS 被视为具有未缓和的重大风险，因此可能对目标设备来说该 COTS 可能是不合适的		
2[a]	COTS 的验证和确认活动是否合适？ 证明 COTS 软件所执行的验证和确认活动是合适的且充分的，能满足设备的安全性和有效性要求		
3[a]	没有供应商的支持，项目能否维护 COTS？ 确保项目能在供应商不再提供支持后还能维护 COTS		
4	软件是否包含接口、防火墙、封装程序等？ 及早考虑接口、防火墙、封装程序和连接程序。当创建封装程序时，应避免对内部产品接口和功能的依赖性，或者隔离这些依赖性		
5	软件是否提供诊断？ 注意内置诊断和错误处理		
6	有无影响软件选择的任何关键产品？ 在产品评估前，确定有无能影响选择的其他关键产品（或策略、标准）		

续表

序号	待考虑项	问题回答（是/否）	计划的措施
7	以前使用过该软件供应商的产品吗？ 利用过去与供应商/产品有关的经验。寻求来自其他项目的信息。使用信息数据库，并牢记一个产品的行为可能随着其使用方式的不同而变化		
8	是否是初始版本？ 不要购买 1.0 版本		
9	是否调查过其竞争对手？ 向该产品的竞争对手了解其类似产品		
10	能否获得源代码？ 考虑购买源代码，以便能够自己实施测试。值得指出的是，购买源代码的代价昂贵，而且通常需要放弃技术支持和/或产品担保		
11	行业标准接口是否可用？ 确保产品使用行业标准接口		
12	产品研究是否彻底？ 根据对事实的分析选择产品		
13	对 COTS 驱动程序包是否进行了确认？ 在系统接口确认过程中包括 COTS 驱动程序包的确认过程。这包括对数据信号进行双向数据值的验证；适用时，对控制信号的各种模式设置进行双向验证；以及对具有 CPU 和操作系统的驱动程序的输入/输出中断和定时功能进行验证		
14	是否存在未被使用的特征？ 确定如何处理未被使用的特征		
15	代码自动生成工具是否经过独立的确认？ 确定代码自动生成工具是否经过独立的确认。现货工具选择应遵循与组成部件选择相同的过程		
16	先前的配置能否得到恢复？ 重新评价每个版本，并确保先前的配置能够得到恢复		

续表

序号	待考虑项	问题回答（是/否）	计划的措施
17	是否需要为处理器进行一次重新编译？ 对更换一个处理器就需要一次重新编译的系统，进行完整而全面的重新测试		
18	是否进行了安全性评估？ 在将一些新的或者修改的COTS组成部件纳入某个基线系统时，应进行一次安全性影响评估。在失效模式和影响分析表格中记载这些危险。确保在危险报告、设计需求和测试报告之间具有可追踪性。分析应包括对已知问题报告、用户手册、规范、补丁、文献等的评审以及对其他用户使用该COTS经验的因特网搜索		
19	COTS工具是否影响安全性？ 在选择COTS工具时应牢记该工具的目的。确定其结果是否容易验证，并确定工具的使用结果是否影响到安全性决策		
20	COTS的应用是否恰当？ COTS产品的用途应与其被开发软件的目的一致		
21	在COTS和现货硬件之间是否存在兼容性？ 应认识到，并不是所有的现货硬件都能运行所有的COTS		
22	供应商是否有质量体系认证？ 确定供应商是否经过质量体系认证，或者是否具有GJB5000/GJB 5000A、CMMI的3级或更高级。这提供对他们的开发过程的信心		
23	供应商是否从他们自己的供应商那里获得高质量产品？ 确定供应商意识到他们应对他们承包商和转承包商的产品质量负责		

注[a] 有生命威胁危险的项目应检查这些项

8.2.7 软件安全性测试分析

8.2.7.1 目的和作用

保证全部软件安全性需求和安全关键软件单元必须通过测试和

非测试的方法进行验证，以确认软件的安全性需求得到充分满足。不能通过测试方法验证的需求，应通过评价、审查或证明的方式进行验证。

8.2.7.2　开展时机

一般在软件设计完成后，就进入了测试分析阶段。在软件交付或使用前，应完成全部的分析和测试验证工作。在软件更改后，应进行更改影响分析，保证回归测试的充分性，防止引入新的危险因素。

需要说明的是，在软件开发过程中，设计与测试分析往往不能截然划分，软件测试本身也需要设计，测试涉及到测试策略、进度、方法、案例选择等，测试工作应与软件设计工作同步进行。如软件中各个模块设计完成时间有先有后，模块测试分析的时间也不能机械的强求一致。

8.2.7.3　工作要点

（1）软件安全性测试

① 确定软件安全性测试的层次

软件安全性测试不应只依靠一次总的测试，而应分层次地进行。通常测试包括下列层次：软件单元测试、软件集成测试、软件合格性测试、系统集成测试、系统合格性测试等。

此外，在系统验收之前，应与硬件合作开展系统层次的测试，以验证软件能否与系统硬件和操作人员的输入一起正确且安全地运行。并对非开发软件（现货软件、标准软件）也进行安全性方面的测试。

② 软件测试安全性分析

软件测试安全性分析包括测试集分析、测试覆盖性分析以及测试结果分析。通过软件测试安全性分析可提出对于后续的软件测试和变更的建议。在对应层次测试评审中应提交软件测试安全性分析结论（纳入系统危险分析结论中）。

(a) 测试集分析

依据软件需求安全性分析中识别的失效模式来设计测试用例，将测试用例汇总形成测试集。对测试集及其测试通过/失败准则进行分析，如测试用例对安全性需求的追溯关系（是否能用来检验相应层次软件设计及代码的安全性）、测试方案是否合理可行，以及软件测试的通过/失败准则是否能反映软件正确执行所有安全性相关功能并且不执行非预定的功能等。

(b) 测试覆盖性分析

对于小块代码有时可能达到100%的测试覆盖（即检查代码的每一个可能的状态和路径）。但对复杂的软件而言无法达到100%的测试覆盖率。因此，应通过测试覆盖性分析，确定能够验证安全性需求的最佳测试覆盖率，并分析是否达到了相应的测试覆盖。

(c) 测试结果分析

在执行测试用例的基础上，对测试结果进行分析以验证所有的安全性需求是否均已满足，同时验证所有识别出的危险是否均已消除或已被控制到可接受的风险水平。

(2) 测试过程跟踪

全部的分析、测试或验证结果，包括新识别的危险和未正确实现的安全性特征应记入文档，并提供给系统安全人员。同时，未正确实现的安全性特征应被输入到危险跟踪闭环系统，以获得系统层次的解决方案。

8.2.8 运行阶段的软件安全性工作

8.2.8.1 目的和作用

在安全关键软件的使用、更改和升级过程中，减少引入影响装备安全性的危险因素。

8.2.8.2 实施要点

(1) 运行文档

运行文档，包括《软件用户手册》《软件中心操作员手册》《计算机操作手册》等，应当描述所有安全性相关的命令、数据、输入序列等系统安全运行所必需的全部信息，包括错误消息描述和纠正措施。

运行文档应通过正式评审，并纳入配置管理。

分析运行文档升级对装备安全性的影响，并确保与软件和操作人员相关的所有危险控制或操作得到完整、清晰的描述。

（2）软件变更

在执行任何软件变更之前，应建立软件变更规程。除非表明明显不必要进行变更分析外，否则对于安全相关软件的已经受控的规格说明、需求、设计、代码、计划、规程、系统、环境、用户文档的任何变更都应进行安全性分析。

软件变更安全性分析的目的是分析对软件进行改正、增强或改写时是否能保持要求的软件安全完整性级别。

软件变更安全性分析的任务主要包括：变更原因分析；变更影响分析；变更结果分析。

（3）软件培训

对软件使用人员进行资格认定和培训，确认其能够正确地进行安全操作。培训内容应至少包括安全操作规程、错误处理和纠正措施以及安全案例等。

参考文献

[1] GJB 900A－2012. 装备安全性工作通用要求[S]. 2012.

[2] GJB/Z 102A－2012. 军用软件安全性设计指南[S]. 2012.

[3] GJB/Z 142－2004. 军用软件安全性分析指南[S]. 2012

[4] QJ 2236A－1999. 航天产品安全性保证要求[S]. 1999.

[5] 何鑫，郑军，刘畅. 软件安全性测试研究综述[J]. 计算机测量与控制，2011，19(3)

[6] 赵廷弟，等. 安全性设计分析与验证[M]. 北京：国防工业出版社，2011.

[7] 黄锡滋. 软件可靠性、安全性与质量保证[M]. 北京：电子工业出版社，2002.

附录　安全性文件清单

研制过程中安全性文件清单见表1。

表1　研制阶段安全性文件清单

文件名称	适用阶段			适用对象	
	方案阶段	工程研制阶段	定型阶段	系统	分系统/设备
安全性保证大纲	√	√	√	√	×
××型号安全性要求（纳入研制任务书）	√	√	√	×	√
××产品FME（C）A报告	×	√	√	√	√
××级产品安全性设计与分析报告	×	√	√	√	√
××试验安全性分析报告	△	√	√	√	△
××试验安全应急处理预案	△	√	√	√	√
导弹安全性分析报告	×	×	√	√	×
武器系统安全性分析报告	×	×	√	√	×

注：√—适用；×—不适用；△—根据需要选用；○—设计更改时用